高等职业教育
智能制造专业群
"德技并修 工学结合"
系列教材

液压与气压传动技术（少学时）

主编 徐钢涛 岳丽敏

INTELLIGENT MANUFACTURING

中国教育出版传媒集团

高等教育出版社·北京

内容提要

本书是高等职业教育智能制造专业群"德技并修　工学结合"系列教材之一。

本书详细介绍了液压与气压传动基础知识，内容涵盖基本元件、基本回路及典型系统，结合实际工程案例，重点阐述了元件、回路、系统的基本工作原理和应用场合。全书内容丰富，实用性强。

本书配套有丰富的教学资源，重、难知识点均配有 AR 模型、二维动画等资源，读者可扫码观看。

本书可作为高等职业院校、成人教育、职工大学、函授大学等大专层次的机电类及机械类专业的教学用书，也可供其他有关专科学校学生、工程技术人员参考。

授课教师如需获取本书配套教学课件，请登录"高等教育出版社产品信息检索系统"（https://xuanshu.hep.cn/）免费下载。

图书在版编目（ＣＩＰ）数据

液压与气压传动技术：少学时/徐钢涛，岳丽敏主编. -- 北京：高等教育出版社，2024.7
ISBN 978-7-04-060047-6

Ⅰ.①液⋯　Ⅱ.①徐⋯　②岳⋯　Ⅲ.①液压传动-高等职业教育-教材　②气压传动-高等职业教育-教材　Ⅳ.①TH137　②TH138

中国国家版本馆CIP数据核字（2023）第037020号

液压与气压传动技术（少学时）
YEYA YU QIYA CHUANDONG JISHU（SHAOXUESHI）

策划编辑　张　璋	责任编辑　张　璋	封面设计　张雨微		版式设计　徐艳妮	
责任绘图　黄云燕	责任校对　王　雨	责任印制　刁　毅			

出版发行	高等教育出版社	网　　址	http://www.hep.edu.cn
社　　址	北京市西城区德外大街4号		http://www.hep.com.cn
邮政编码	100120	网上订购	http://www.hepmall.com.cn
印　　刷	北京市大天乐投资管理有限公司		http://www.hepmall.com
开　　本	787 mm×1092 mm　1/16		http://www.hepmall.cn
印　　张	13		
字　　数	260 千字	版　　次	2024 年 7 月第 1 版
购书热线	010-58581118	印　　次	2024 年 7 月第 1 次印刷
咨询电话	400-810-0598	定　　价	45.80 元

本书如有缺页、倒页、脱页等质量问题，请到所购图书销售部门联系调换

版权所有　侵权必究
物　料　号　60047-00

前　言

　　液压与气压传动技术是智能制造生产中的先进科学技术之一，在现代新型工业化体系发展中占有非常重要的地位。液压与气压传动课程是机电类专业的专业基础课程。

　　本书在编写前，编者广泛听取了液压气动相关企业工程技术人员、同行的编写建议。编写过程中，充分贯彻通俗易懂、少而精、理论联系实际工程案例的原则，以飞机配餐车为主线，系统阐述液压与气压传动基础知识。根据液压与气压元件结构复杂的特点，在图形处理上将元件的结构图以彩色立体图的形式呈现，直观形象，易于学习者理解元件的结构原理，增强学习兴趣，有利于学习者自主学习。同时，本书为学习者提供丰富的数字资源，每个知识点有多种形式配套资源支撑，实现资源立体化。为了加快推进党的二十大精神进教材、进课堂、进头脑，本书增加了课程思政内容，以增强学习者实现中华民族伟大复兴的精神力量。

　　本书共八个项目，由郑州铁路职业技术学院徐钢涛、岳丽敏担任主编、李秀玲、毛胜辉、王文超担任副主编。参加各项目编写的有郑州铁路职业技术学院徐钢涛（项目一、三）、岳丽敏（绪论、项目五）、李秀玲（项目六、七）、毛胜辉（项目八）、王文超（项目二、四）。全书由岳丽敏统稿，徐钢涛、李秀玲复核，由徐钢涛负责全书插图修描、立体图和数字资源制作。本书所含的元件图形符号、回路及系统原理图，全部根据最新图形符号的规定绘制。

　　本书在编写过程中得到了同行学校和企业有关同志的热情支持和帮助，在此表示衷心的感谢和祝福。

　　限于编者水平和经验，书中难免存在些许不妥之处，敬请广大读者批评指正。

编　者

2024.1

目　录

一台完整的机械设备由原动机、传动机构、工作机构三部分组成，如图0-1所示。原动机是机械的动力源，主要为电动机、内燃机等；工作机构指完成该机械工作任务的直接工作部分。由于原动机的功率和转速变化范围有限，为适应工作机构的外负载和工作速度的变化，即工作性能的要求，在原动机和工作机构之间设置有起着传递能量和控制作用的传动机构。传动机构包括机械传动、电气传动、流体传动三类，而流体传动又分为液力传动、液压传动、气压传动三类。

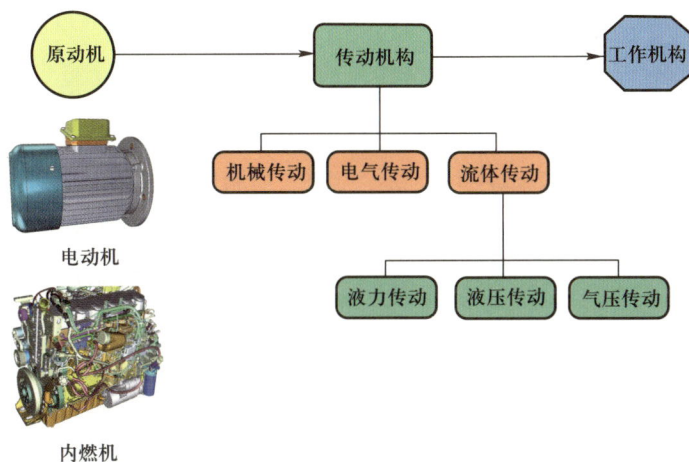

图 0-1　机器的组成

其中，液压传动是以液体作为工作介质，依靠液体的压力能来传递运动和动力的传动方式；气压传动是以压缩空气作为工作介质，依靠气体的压力能来传递运动和动力的传动方式。

一、液压与气压传动的工作原理及其系统组成

1. 液压与气压传动的工作原理

液压与气压传动的基本工作原理是相似的，现以图0-2所示的液压千斤顶为例，简述其工作原理。

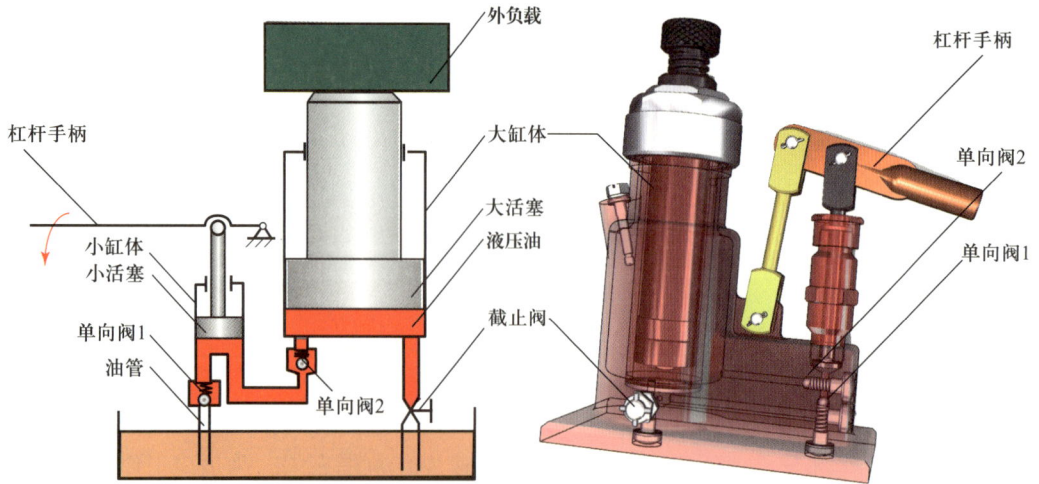

微课
液压千斤
顶工作原理

AR
液压千斤
顶

图 0-2 液压千斤顶工作原理示意图

如图 0-2 所示，杠杆手柄、小缸体、小活塞、两个单向阀组成手动液压泵，大缸体和大活塞组成液压缸。当抬起杠杆手柄使小活塞向上移动时，小缸体下腔容积变大，产生一定的真空度，在大气压力作用下，油箱中的液压油通过油管推开单向阀 1 进入小缸体下腔，此时单向阀 2 关闭，即完成吸油动作。当压下杠杆手柄时，小活塞下移，其下腔的密封容积变小，油压升高，使单向阀 1 关闭，单向阀 2 打开，小缸体下腔的液压油经油管进入大缸体的下腔，迫使大活塞向上移动，抬高重物（外负载），即完成压油动作。如此反复地抬压杠杆手柄，就能不断地把液压油压入大缸体的下腔，使重物逐渐升起，达到起升的目的。当工作完成，打开截止阀，大缸体下腔的液压油经过油管、截止阀流回油箱，大活塞也在重物和自重的作用下回落，到达起始位置。在这里，大、小缸体组成了最简单而经典的液压传动系统，实现了运动和动力的传递。

图 0-3 所示为火车轮对气压制动器工作原理示意图，电动机带动空气压缩机运动，空气压缩机输出具有一定压力的压缩空气，压缩空气经控制阀，进入制动缸，推动制动拉杆（活塞杆）移动，制动拉杆带动火车车辆制动梁及制动闸瓦运动，从而实现轮对制动。

由以上两例可见，液压（气压）传动具有以下基本特点：

1）以液体（压缩空气）为工作介质来传递运动和动力。

2）传动必须在密闭的容器内进行。

3）依靠密闭容器的容积变化传递运动。

4）依靠液体（压缩空气）的静压力传递动力。

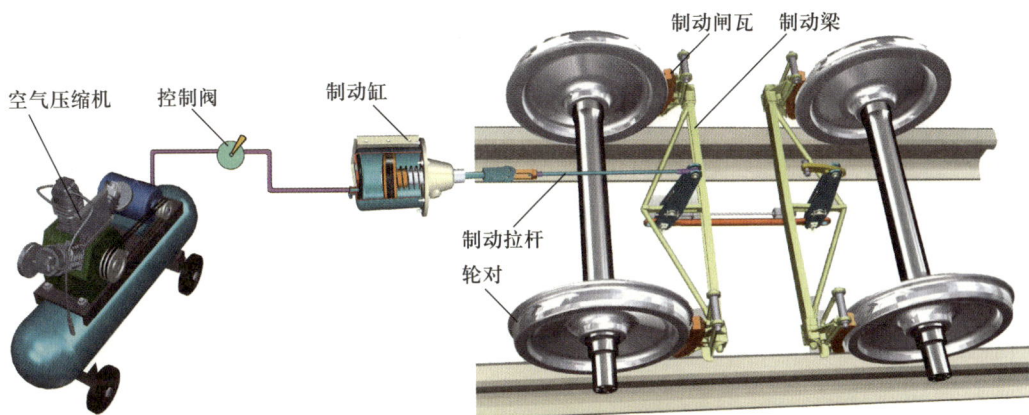

图 0-3　火车轮对气压制动器工作原理示意图

2. 液压与气压传动系统的组成

由液压千斤顶和火车轮对气压制动器的例子可以看出,一个完整的液压(气压)传动系统主要由以下 5 个部分组成,如图 0-4 所示。

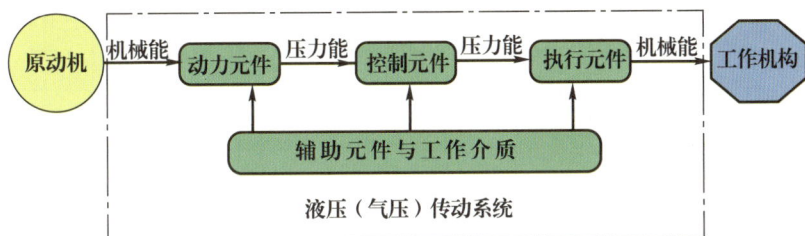

图 0-4　液压(气压)传动系统的组成

1)动力元件:将原动机输出的机械能转换为工作介质的压力能的装置,一般为液压泵或空气压缩机。如液压千斤顶中的手动液压泵。

2)控制元件:对系统中工作介质的压力、流动方向和流量进行控制和调节的装置,一般为溢流阀、节流阀、换向阀等。如液压千斤顶中的截止阀和单向阀。

3)执行元件:将工作介质的压力能转换为机械能的装置,一般指做直线运动的液压缸(气缸)、做回转运动的液压马达(气马达)等。如液压千斤顶中的液压缸。

4)辅助元件:指上述三种元件之外的装置,如油箱、过滤器、油雾器、消声器、蓄能器等,它们对保证系统可靠和稳定地工作起着重要作用。

5)工作介质:指传递能量的流体,即液压油和压缩空气。

图 0-5 所示为机场配餐车及其液压系统的图形符号图。机场配餐车是一种液压传动、剪式升降的车载式设备,用于飞机食品装卸服务。机场配餐车撑脚的收放、升降

机的升降均采用液压系统。机场配餐车液压系统由油箱、过滤器、液压泵、单向阀、截止阀、压力表、换向阀、单向节流阀、液控单向阀、溢流阀、液压缸及连接这些元件的油管、管接头等组成，该液压系统的图形符号图如图 0-5b 所示。液压和气压系统图一般采用标准的元件图形符号（GB/T 786.1—2021）进行绘制。元件图形符号仅表示元件的功能、控制方式及外部连接口，并不表示元件的具体结构、参数、连接口的实际位置和元件的安装位置。按照规定，液压与气压元件图形符号均以元件的非工作位置（静止位置）或零位表示。

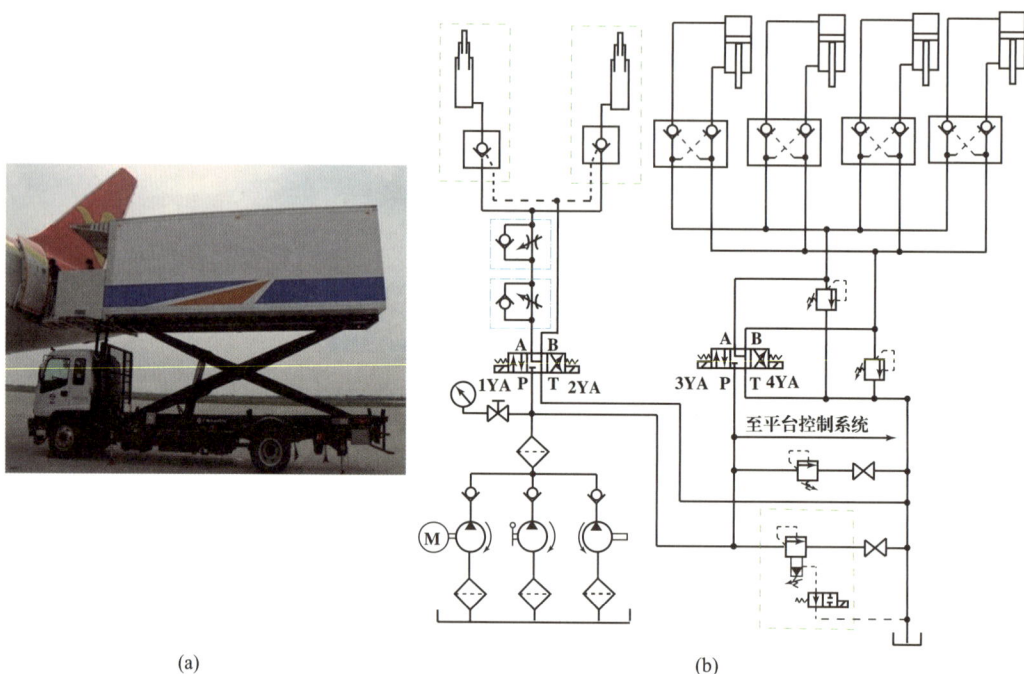

(a)　　　　　　　　　(b)

图 0-5　机场配餐车及其液压系统的图形符号图

二、液压与气压传动的优缺点

液压与气压传动与其他形式的传动系统相比，有着较多显著的特点。

1. 液压传动的优缺点

（1）液压传动的优点

1）液压传动的各种元件可根据需要进行方便、灵活的布置。

2）单位功率的质量轻，体积小，传动惯性小，反应速度快。

3）液压传动装置的控制调节比较简单，操纵方便、省力，可实现大范围的无级调速（调速比可达 2 000），当机、电、液配合使用时，易于实现自动化工作循环和更高程度的自动控制和遥控。

4）能比较方便地实现系统的自动过载保护。

5）一般采用矿物质液压油为工作介质，可完成相对运动部件的润滑，延长零部件的使用寿命。

6）很容易实现工作机构的直线运动或旋转运动。

7）液压元件已实现标准化、系列化和通用化，因此液压系统的设计、制造和使用都比较方便。

（2）液压传动的缺点

1）由于液体流动的阻力损失和泄漏较大，所以效率较低。

2）液压油对温度比较敏感，油温变化容易引起工作性能的改变，故液压系统不易用于温度变化范围较大的场合。

3）液压元件的制造、装配精度要求高，故制造成本较高。

4）液压系统中液压油的泄漏、液压油的可压缩性、油管的变形等情况都会影响运动传递的准确性，故不宜用于对传动比要求精确的场合。

5）液压油对污染较为敏感，故不宜用于环境差、粉尘多的场合。

6）液压系统的故障较难诊断和排除。

7）在高压、高速，大流量的环境下，液压元件和液压系统的噪声较大。

2. 气压传动的优缺点

（1）气压传动的优点

1）工作介质是压缩空气，取用方便，用后的空气可以直接排入大气，不需设置专门的排气装置。

2）空气黏度小，流动时压力损失小，适宜集中供气和远距离传输。即使有泄漏，也不会像液压油一样污染环境。

3）对工作环境适应性好，在易燃、易爆、多粉尘、强辐射、振动等恶劣工作环境下，仍能可靠地工作。

4）气压传动有较好的自保持能力。即使空气压缩机停止工作，气阀关闭，气压系统仍可以维持稳定的压力。

5）气动动作迅速、反应快，维护简单，调节方便，特别适用于一般设备的控制。

6）管道不易堵塞，使用安全可靠，不易发生过热现象。

（2）气压传动的缺点

1）工作压力低（一般低于 1 MPa），一般用于小功率的场合。在相同输出力的情况下，气压传动装置比液压传动装置的尺寸大。

2）空气的可压缩性大，不易实现准确的速度控制和很高的定位精度，外负载变化时对系统的稳定性影响较大。

3）排气噪声大，须加消声器。

4）气压传动的工作介质本身没有润滑性，需另外加油雾器进行润滑。

三、液压与气压传动的发展及应用

从世界上第一台水压机问世算起，液压传动已有 200 余年的历史。然而，液压传动直到 20 世纪 30 年代才真正推广使用。目前，"云物大智移"等新技术、新理论已逐步与各种控制技术融合应用，使得液压（气压）技术得到较快发展，并渗透到各个工业领域。随着计算机辅助设计、计算机辅助控制、机电一体化、可视化技术等的快速发展，机、电、液、气等综合控制技术将成为各种传动技术的发展趋势。

工业生产各个部门应用液压与气压传动技术的出发点是不尽相同的，正如"用人如器，各取所长"。例如，工程机械、矿山机械、压力机械和航空工业中采用液压传动是取其结构简单、体积小、质量小、输出力大的特点；机床上采用液压传动是取其能在工作过程中方便实现无级调速、频繁换向、自动化控制的特点。图 0-6 所示为液压技术的应用实例。在电子工业、包装机械、印染机械、食品机械等方面采用气压传动主要是取其操作方便，无油、无污染的特点。图 0-7 所示为气压技术的应用实例。

图 0-6　液压技术的应用实例

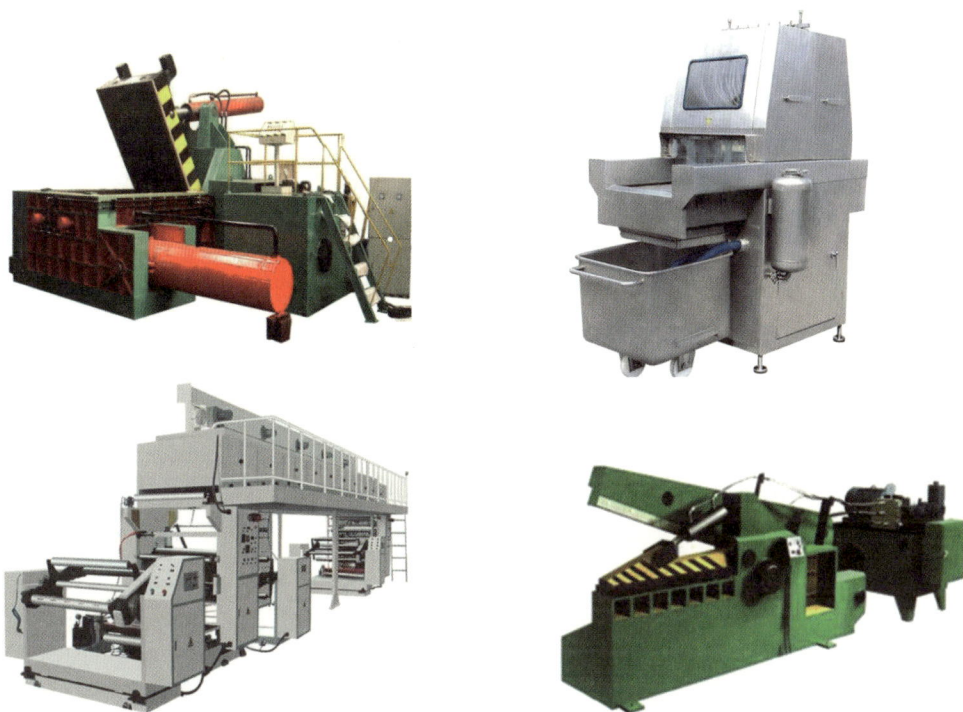

图 0-7　气压技术的应用实例

知识链接

导弹竖起发射车

　　导弹竖起发射车（图 0-8）是用于导弹起竖、发射的专用车辆，主要由发射装置、液压系统、电控系统、行走系统和温控系统组成。导弹的起竖必须在 1 min 之内完成，完成这一任务的主要装置就是液压系统。

图 0-8　导弹竖起发射车

习　题

0-1　什么是液压与气压传动？其各自的特点是什么？

0-2　液压与气压传动的基本组成部分有哪些？各部分的作用是什么？

0-3　日常生活中你见过哪些液压或气压传动设备。

0-4　试举例说明液压与气压系统的工作原理。

项目一
液压传动基础知识

项目引入

    机场配餐车是一种液压传动、剪式升降的车载式设备，用于飞机食品装卸服务。当机场配餐车就位后，撑脚的收放、升降机的升降，都依靠工作介质来传递动力。本项目将介绍工作介质的性质及其在传动过程中的一些基础知识。

学习目标

1. 理解液体的黏性概念。
2. 了解液压传动工作介质的分类及命名方法，能够根据设备液压系统的特点、工作环境和液压油的特性等，合理选用液压油的品种和牌号。
3. 掌握压力的表示方法，能够正确换算压力单位。
4. 能够熟练使用液体静力学方程解决问题。
5. 能够正确计算液体对固体壁面的作用力。
6. 掌握流量、平均流速的概念，能够正确判断液体的流动状态。
7. 理解连续性方程和伯努利方程的物理意义，能够应用它们分析系统中不同截面液体的流速、压力的变化关系。
8. 能够正确使用液体流经小孔的流量公式分析流量与压差、小孔通流截面的关系。
9. 了解液压冲击和空穴现象。

任务一

液压传动工作介质

液压系统中的工作介质既是传递功率的介质，又是液压元件的冷却、防锈和润滑剂。液压系统工作中产生的磨粒和来自外界的污染物，也要靠工作介质带出系统。工作介质的黏性，对减少间隙的泄漏、保证液压元件的密封性能都起着重要作用。

一、液压传动工作介质的性质

1. 密度

单位体积的液体质量称为密度，通常用 ρ 表示。矿物质液压油的密度随压力的增加而加大，随温度的升高而减小，一般情况下，由压力和温度引起的这种变化都较小，可以忽略不计。通常取矿物质液压油的密度为 900 kg/m³。

2. 黏性

液体在外力作用下流动（或有流动趋势）时，分子间的内聚力会阻碍分子间的相对运动而产生一种内摩擦力，这种现象称为液体的黏性。液体只有在流动（或有流动趋势）时才会呈现出黏性，静止液体不呈现黏性。

液体黏性的大小用黏度来表示。黏度大，液层间的内摩擦力就大，液体就"稠"；反之，黏度小，液层间的内摩擦力就小，液体就"稀"。

黏度用运动黏度 ν 表示，单位为 m²/s。常用的单位为 mm²/s，称为 cSt（厘斯）。1 m²/s=10⁶ mm²/s=10⁶ cSt。液压传动工作介质的黏度等级是以 40 ℃时的运动黏度 ν 的平均值来划分的。如牌号为 L-HM46 的抗磨液压油，牌号中的"46"就表示在 40 ℃时该液压油的运动黏度平均值为 46 cSt。

温度对液体黏度的影响很大，温度升高，黏度会显著下降。液体的黏度随温度变化的关系称为液体的黏温特性。液体黏度的变化会直接影响液压系统的工作性能和泄漏量，因此应尽量采用黏度受温度变化影响较小的液体。

3. 可压缩性

在温度不变的情况下，液体受压力作用而自身体积减小的性质，称为液体的可压缩性。液体的可压缩性很小，所以液压系统执行元件工作时运行平稳且噪声很小。可压缩性对液压系统的动态性能影响较大，但对于对动态性能要求不高，仅考虑静态（稳态）下工作的液压系统，一般可以不予考虑，认为液体是不可压缩的。

若液体中混入一定的空气，则液体的可压缩性显著增大，便会引起执行元件的爬行或颤抖现象，因此，液压系统应具有良好的密封性能，以防空气的侵入。

4. 其他性质

液体还有一些其他物理化学性质，如抗燃性、抗凝性、抗氧化性、抗泡沫性、抗乳化性、防锈性、润滑性、导热性、相容性（主要是指对密封材料不侵蚀、不溶胀的性质）及纯净性等，都对它的选择和使用有着重要影响。这些性质需要在精炼的矿物质液压油中加入各种添加剂来获得，其含义较为明显，可参阅有关资料。

二、对液压传动工作介质的要求

液压系统能否可靠、有效、安全而经济地运行，与其所选用的工作介质的性能密切相关。不同的工作机械、不同的使用情况对工作介质的要求有很大的不同。为了很好地传递运动和动力，液压传动工作介质应具备如下性能：

1）适宜的黏度和良好的黏温特性。过高的黏度会增加系统的压力损失，降低效率，使系统发热，并恶化泵的吸入条件。反之，黏度过低会加大泄漏量，不仅影响效率，还会降低润滑性能。

2）良好的润滑性。

3）质地要纯净，不含或含有极少量的杂质、水分或水溶性酸碱等。

4）对金属和密封件、软管等有良好的相容性。

5）对热、氧化、水解和剪切都有良好的稳定性。

6）抗泡沫性好，抗乳化性好，腐蚀性小，防锈性好。

7）体积膨胀系数小，比热容大。

8）用于高温场合时，为了防火安全，其闪点要高；在低温环境下工作时，其凝点要低。

9）对人体无害，且成本低。

三、工作介质的分类和选用原则

1. 工作介质的分类

在国家标准中将"润滑剂和有关产品"规定为 L 类产品，又将 L 类产品按应用场合分组，其中 H 组用于液压系统。石油型液压油是最常用的液压传动工作介质。液压传动工作介质的分类见表 1-1。

表 1-1　液压传动工作介质的分类

分类	名称	代号	组成和特性	应用
石油型	精制矿物油	L-HH	无抑制剂的精制矿油	循环润滑油，低压液压系统
	普通液压油	L-HL	精制矿油，并改善其防锈性和抗氧化性	一般液压系统
	抗磨液压油	L-HM	HL 油，并改善其抗磨性	低、中、高压液压系统，特别适用于有防磨要求的叶片泵液压系统
	低温液压油	L-HV	HM 油，并改善其黏温性	能在 -40~-20 ℃的低温环境中工作，用于户外工作的工程机械和船用设备的液压系统
	高黏度指数液压油	L-HR	HL 油，并改善其黏温性	黏温性优于 L-HV 油，用于数控机床液压系统和伺服系统
	液压导轨油	L-HG	HM 油，并具有抗黏-滑性	适用于导轨和液压系统共用一种油品的机床，对导轨有良好的润滑性和防爬性
	其他液压油		加入多种添加剂	用于高品质的专用液压系统
乳化型	水包油乳化液	L-HFAE	需要难燃液压油的场合	
	油包水乳化液	L-HFB		
合成型	水－乙二醇液	L-HFC		
	磷酸酯液	L-HFDR		

注：在本分类标准中，各产品名称是采用统一的方法命名的。如：

L-HM 32

└── 数字（根据 GB/T 3141—1994 标准规定的黏度等级）：40℃时液压油的运动黏度等级
└── 品种（抗磨液压油，H 为 L 类产品所属的组别，其应用场合为液压系统）
└── 类别（润滑剂和相关产品）

2. 工作介质的选用原则

1）液压系统的工作条件：按系统中液压元件，主要是液压泵来确定工作介质的黏度（在液压传动系统中，液压泵的工作条件最为严峻。它不但压力大，转速和温度高，而且液压油被泵吸入和被泵压出时要受到剪切作用），见表 1-2。

表 1-2 根据液压泵推荐的工作介质的黏度

液压泵类型		40 ℃时的运动黏度 v/(mm²/s)	
		液压系统温度 5～40 ℃	液压系统温度 40～80 ℃
齿轮泵		30～70	65～165
叶片泵	$p<7$ MPa	30～50	40～75
	$p\geq7$ MPa	50～70	55～90
径向柱塞泵		30～80	65～240
轴向柱塞泵		40～75	70～150

2）液压系统的工作环境：按环境温度的变化范围、有无明火和高温热源、抗燃性等要求确定工作介质性能。还要考虑环境污染、毒性和气味等因素。

3）综合经济分析：选择工作介质时要通盘考虑价格成本和使用寿命。例如，高质量的液压油从一次购置的角度来看花费较大，但从使用寿命、元件更换、运行维护、生产效率的提高上来看，其花费又是较经济的。

四、液压油的合理使用

为保证液压系统高效、可靠地工作，不仅要正确选用液压油，还要合理使用和维护好液压油。液压系统出现的种种故障多数与液压油使用不当、污染变质有关。根据实践经验，使用液压油应注意以下几个方面。

1. 防止污染

为了减少工作介质的污染，应采取如下措施：

1）加强液压油库存及现场管理，建立严格的油料管理制度和化验制度。油料要按牌号专桶贮存，严禁乱放，切勿露天日晒雨淋或靠近火源，保存温度一般以 20～30 ℃为宜。

2）保持液压元件清洁，特别是油箱周围的清洁。油箱通气孔要装过滤器以防止粉尘落入油箱内，在室外或低温作业时应防止凝结水进入油箱。

3）应在液压系统的有关部位设置适当精度的过滤器，并定期清洗或更换滤芯。

4）定期检查、更换液压油。①换油前液压系统要清洗。②液压油不能随意混用。③加入新油时，必须按要求过滤。④根据换油指标及时更换液压油。

2. 防止工作油温过高

防止油温过高可采取强制冷却方法，同时在使用中还应注意：

1）经常使油箱中油面处于所要求的高度，使液压油有足够的循环冷却条件。

2）防止过载，防止和高温物体接近。

3）当发现液压系统油温过高时，应停止工作，查找原因及时排除。

3. 防止空气混入液压油

1）防止空气在油箱中被液压油带入系统中，必须经常注意油箱内油面高度，保持足够的油量。

2）注意液压泵至油箱吸油管路的密封。

3）随时排除进入液压系统中的空气。排气后再次检查油箱中油面高度，发现不足时应添加液压油到要求的油位。

📚 知识链接

从"擦枪油"里走来的民族工业的脊梁

1950年，朝鲜迎来了最寒冷的冬天。在接近 -40 ℃的战场上，很多志愿军战士因为"擦枪油"的质量问题冻住了枪栓。小小的"擦枪油"，关系到战士们的生命。就在这一年冬天，远在千里之外的天津润滑脂实验室架起了大锅，锅里翻滚着浓厚的油脂。技术员们经过反复试验，熬制出符合技术标准的"擦枪油"，紧急送往朝鲜战场。中国的润滑油事业，在为国防大业服务中起步了。

1962年，国际形势发生了重大变化，苏联撤走了在中国的援建专家，中国刚刚起步的"两弹一星"事业，因为"氟油"的断供，面临停滞的危机。长城润滑油公司的前身621厂临危受命，在内无工业基础、外无技术援助的情况下，全体宣誓："必须把氟油搞出来！"

时间紧迫，为了保证"两弹一星"战略规划的需要，621厂必须一次试车投产成功。经过了无数次试验，度过了无数个不眠之夜，终于，中国第一代"氟油"产品——全氟碳油诞生了。

随着航天业的发展，世界航天大国都寻找着适合太空环境的润滑油。中国几乎同步开启了研发工作，并且成功研制出新型航天润滑油——全氟聚醚油。

在严苛的标准要求下，中国的润滑技术一直处于世界发达水平。神舟升空，嫦娥探月，中国航天事业腾飞的70年里，润滑油品始终保持着零事故的纪录。

携手中国航天的同时，中国石化润滑油也将航天技术推广到国计民生。从万米深潜的"蛟龙号"，到远赴极地的"雪龙号"；从飞上高空的国产大飞机，到驰骋千里的"复兴号"高铁，从街上奔跑的小汽车，到高新科技的机器人，中国石化润滑油为中国制造贡献着源源不断的润滑力量。

从捍卫国家安全的"钢铁长城"，到象征工业力量的大国重器，再到现代社会中的日常用品，中国石化润滑油浸润和润滑着国家发展的每一条轨迹，构成了中国民族工业的脊梁。

任务二

液体静力学

液体静力学研究液体处于相对平衡状态下的力学规律及其实际应用。所谓相对平衡是指液体内部各质点间没有相对运动。

液体的压力指液体在单位面积上所受的内法线方向的力，用 p 表示。压力就是物理学中的压强，在液压技术中称为压力。

一、液体静压力基本方程

重力作用下的静止液体内，离液面深度为 h 处的压力：

$$p = p_0 + \rho g h \tag{1-1}$$

式中：p_0——作用在液面上的压力；

ρ——液体密度。

式（1-1）为液体静力学的基本方程式，它表明了重力作用下静止液体中的压力分布规律。其特征如下：

1）静止液体内任意点的压力由两部分组成，即作用在液面上的压力 p_0 和 ρg 与该点离液面深度 h 的乘积。

2）同一容器中同一液体内的静压力随液体深度的增加而呈线性增加。

3）连通器内同一液体中深度相同的各点处的压力都相等，压力相等的所有点组成的面为等压面。在重力作用下静止液体中的等压面是一个水平面。

液体在受外界压力作用的情况下，$\rho g h$ 那部分压力相对甚小，在液压系统中常可忽略不计，因而可近似认为整个液体内部的压力是相等的。

二、压力的表示方法及单位

压力的表示方法有两种：一种是以绝对真空作为基准所表示的压力，称为绝对压力；另一种是以大气压力 p_a 作为基准所表示的压力，称为相对压力。绝对压力 = 相对压力 + 大气压力。因为几乎所有液压设备都工作在有大气压力的场所，其工况的绝对压力随大气压力变化而变化，所以在液压技术中所提到的压力，一般均为相对压力。大多数测压仪表所测得的压力为相对压力，故相对压力也称表压力。

压力的单位除法定计量单位 Pa（帕，N/m^2）或 MPa（兆帕）外，还有以前沿用的一些计量单位，如 kgf/cm^2（公斤力 / 平方厘米）、bar（巴）、at（工程大气压）等。其换算关系如下：

$$1\ MPa = 10^6\ Pa$$

$$1\ at = 1\ kgf/cm^2 = 9.8 \times 10^4\ N/m^2$$

$$1\ bar = 10^5\ Pa$$

三、静止液体内压力的传递

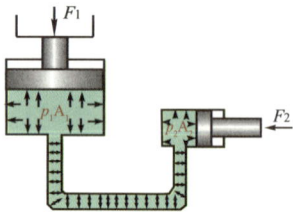

图 1-1　帕斯卡定律应用

在密闭的容器内，施加于静止液体上的压力将等值传递至液体内各点，这就是帕斯卡原理，或称静压传递原理。下面以图 1-1 为例来说明帕斯卡原理的应用。图中液压缸的截面面积分别为 A_1、A_2，作用在大活塞上的外负载为 F_1，作用在小活塞上的力为 F_2。由于两缸互相连通，构成一个密闭容器，因此按帕斯卡原理，缸内压力各处相等，即 $p_1 \approx p_2$，于是

$$F_2 = \frac{A_2}{A_1} F_1$$

如果垂直液压缸的活塞上没有外负载，则当略去活塞自重及其他阻力时，不论怎样推动水平液压缸的活塞，也不能在液体中形成压力，这说明液压缸内的液体压力是由外负载决定的，这是液压传动中的一个基本概念。

四、液体静压力对固体壁面的作用力

静止液体和固体壁面相接触时，固体壁面上各点在某一方向上所受静压力的总和，

便是液体在该方向上作用于固体壁面上的力。在液压传动中，略去液体自重产生的压力，液体中各点的静压力均匀分布，且垂直作用于受压表面。

当固体壁面为平面时，如图 1-2a 所示，压力为 p 的油液作用于活塞（活塞直径为 D、截面面积为 A）上的力为 $F = pA = p\pi D^2/4$，其方向与该平面相垂直。

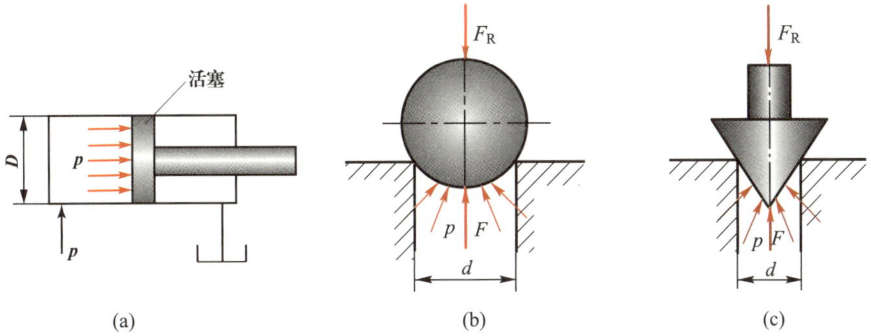

图 1-2 液体静压力对固体壁面的作用力

当固体壁面是一个曲面时，曲面上液体静压力作用在某一方向上的分力等于液体静压力和曲面在该方向的垂直面内投影面积的乘积。图 1-2b、c 所示受压表面为球面和锥面，球面和锥面在垂直方向所受的力 F 等于曲面在垂直方向的投影面积 A 与压力 p 的乘积，即：

$$F = pA = p\pi d^2/4$$

式中：d——承压部分曲面投影圆的直径。

任务三

液体动力学

液体动力学主要研究液体流动时的现象和规律。流动液体的连续性方程和伯努利方程，反映了压力、流速与流量之间的关系。

一、基本概念

1. 理想液体和稳定流动

所谓理想液体是一种假想的无黏性、不可压缩的液体，把实际上既有黏性又可压缩的液体称为实际液体。

液体流动时，液体中任意点处的压力、流速和密度都不随时间变化，这样的流动称为稳定流动；反之，称为非稳定流动。

2. 通流截面、平均流速与流量

液体在管道中流动时，通常将垂直于液体流动方向的截面称为通流截面，或称为过流断面。

液压油在管道、液压缸等元件内流动的快慢称为流速。为便于计算，通常用平均流速 v 表示液流的快慢。在液压技术中，一般所说的流速都指平均流速。

单位时间内流过某通流截面液体的体积称为流量，用 q 表示。其单位为 m^3/s，工程上用 L/min。

平均流速 v、流量 q、通流截面 A 三者的关系为：

$$v = \frac{q}{A} \tag{1-2}$$

流量与平均流速是描述流动液体的两个主要参数。

3. 流动液体的压力

静止液体内任意点处的压力在各个方向都是相等的，但在流动液体内，由于惯性和黏性的影响，任意点处在各个方向上的压力并不相等。但因为数值相差甚微，所以流动液体内任意点处的压力在各个方向上的数值可以看作是相等的。

二、液体的流动状态

英国物理学家雷诺通过大量实验发现，液体的流动有层流和紊流两种基本形态。在层流时，液体质点互不干扰，其流动呈线性或层状，且平行于管道轴线；而在紊流时，液体质点的运动杂乱无章，除了平行于管道轴线的运动外，还存在着剧烈的横向运动。

实验表明，影响管道内液体流动状态的主要因素有：管内液体的流速 v，管道的直径 d 及液体的运动黏度 v。而决定液体流动状态的是这三个参数所组成的一个无量纲数，雷诺数 Re，即

$$Re = \frac{vd}{v} \tag{1-3}$$

液体流动由层流转变为紊流时的雷诺数与由紊流转变为层流时的雷诺数是不相同的。后者数值小，故将后者作为判别液体流动状态的依据，称为临界雷诺数 Re_c。光滑金属圆管的 $Re_c=2\,000\sim2\,300$，橡胶软管的 $Re_c=1\,600\sim2\,000$，圆柱形滑阀阀口的 $Re_c=260$，锥阀阀口的 $Re_c=20\sim100$。当 $Re<Re_c$ 时，液体流动为层流；当 $Re<Re_c$ 时，液体流动为紊流。

三、连续性方程

流动液体的连续性方程是质量守恒定律在流体力学中的应用。如图 1-3 所示，理想液体在密封管道内做稳定流动时，由于液体不可压缩，即密度 ρ 为常数，则单位时间内流过任意通流截面 1、2 的质量应相等，故有 $\rho A_1 v_1 = \rho A_2 v_2$。

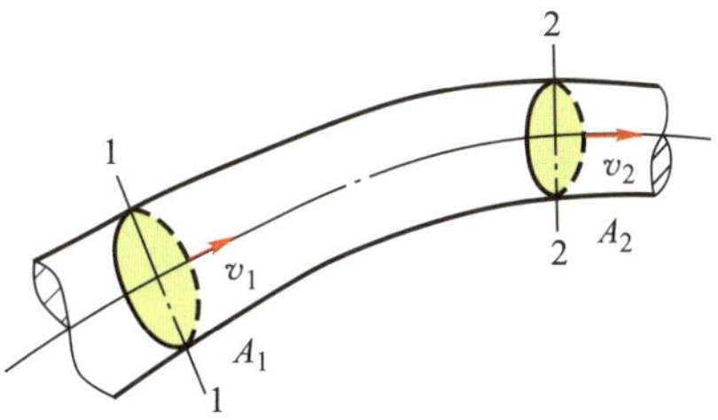

图 1-3 液流连续性示意图

即：

$$A_1 v_1 = A_2 v_2 \qquad (1-4)$$

式中：A_1、A_2——通流截面 1、2 处的截面面积；

v_1、v_2——通流截面 1、2 处的平均流速。

由于两通流截面是任意选取的，因此：

$$q_1 = q_2 \quad 或 \quad q = Av = c（c 为常数）\qquad (1-5)$$

式（1-5）是流动液体的连续性方程，它说明液体在管道中做稳定流动时，对不可压缩液体，流过管道不同通流截面的流量是相等的。当流量一定时，通流截面上的平均速度与其截面面积成反比。

四、伯努利方程

伯努利方程是能量守恒定律在流体力学中的表现形式。为了研究方便，我们先讨论理想液体的伯努利方程，然后再对它进行修正，最后给出实际液体的伯努利方程。

1. 理想液体的伯努利方程

理想液体在管道内稳定流动时没有能量损失。在流动过程中，由于液体具有一定的速度，因此其除了具有位置势能和压力能外，还具有动能。如图 1-4 所示，取该管道内的任意两通流截面 1 和 2，假定截面面积分别为 A_1、A_2，两通流截面上液体的压

力分别为 p_1、p_2，平均流速分别为 v_1、v_2，两通流截面至水平参考面的距离分别为 h_1、h_2。质量为 m 的理想液体从截面 1 流到截面 2，根据能量守恒定律，稳定流动时的伯努利方程为：

$$\frac{1}{2}mv_1^2 + mgh_1 + mg\frac{p_1}{\rho g} = \frac{1}{2}mv_2^2 + mgh_2 + mg\frac{p_2}{\rho g}$$

若等式两边同时除以 $\frac{m}{\rho}$，即可得单位体积的伯努力方程为：

$$p_1 + \rho gh_1 + \frac{1}{2}\rho v_1^2 = p_2 + \rho gh_2 + \frac{1}{2}\rho v_2^2 \qquad (1\text{-}6)$$

式（1-6）表明了流动液体各质点的位置、压力和速度之间的关系。其物理意义为：在管道内做稳定流动的理想液体具有动能、位置势能和压力能三种能量，在任意通流截面上这三种能量可以互相转换，但其和保持不变。

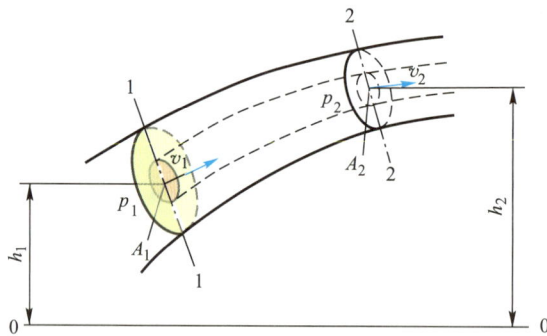

图 1-4　伯努利方程示意图

2. 实际液体的伯努利方程

实际液体是有黏性的，流动时会因内摩擦力而消耗部分能量。同时，管道局部形状和尺寸的骤然变化会使液体产生扰动，亦会消耗能量。因此，实际液体流动时有能量损失存在，设在两通流截面间流动的液体单位体积的能量损失为 Δp_w。对动能部分进行修正，设因流速不均匀引起的动能修正系数为 α。经理论推导和试验测定，$\alpha=1\sim2$，紊流时取 $\alpha=1.1$，层流时取 $\alpha=2$。因此，实际液体的伯努利方程为：

$$p_1 + \rho gh_1 + \frac{\alpha_1}{2}\rho v_1^2 = p_2 + \rho gh_2 + \frac{\alpha_2}{2}\rho v_2^2 + \Delta p_w \qquad (1\text{-}7)$$

伯努利方程是流体力学中一个特别重要的基本方程，它揭示了液体流动过程中的能量变化规律，是对液压问题进行分析、计算和研究的理论基础。

在液压系统中，位置势能和动能与压力能相比小得多，因此，可以忽略不计。也就是说液压油的能量主要以压力能的形式体现，所以在对液压系统进行计算时，一般只考虑压力能的作用。

任务四

液压系统中的压力损失

在液压系统中，能量损失主要表现为压力损失。压力损失分为两类，一类是沿程压力损失，另一类是局部压力损失。

液压油沿等直径直管流动时所产生的压力损失，称为沿程压力损失。这类压力损失是由液体流动时的内、外摩擦力所引起的。沿程压力损失除与管道的长度、内径和液体的流速、黏性等有关，同时还与液体的流动状态有关。紊流时的能量损失比层流时的能量损失大得多，因此，在液压系统中应尽可能使液体在管道中做层流运动。

液压油流经局部阻力区间（如弯管、接头、管道截面突然扩大或收缩）时，由于液体流动的方向和速度的突然变化，在局部形成漩涡，引起油液质点间及质点与固体壁面间相互碰撞和剧烈摩擦而产生的压力损失，称为局部压力损失。

液压系统中要求两个相邻局部阻力区间的距离（直管长度）应大于10～20倍直管内径。否则，油液流经一局部阻力区间后，还没稳定下来，又要流经另一局部阻力区间，将使油液扰动得更严重，压力损失将大大增加。

液压系统的管路通常由若干段管道组成，其中每一段又串联诸如弯头、控制阀、管接头等形成局部阻力区间，因此管路系统的总压力损失等于所有沿程压力损失和所有局部压力损失之和。在液压传动中，管路一般都不长，而弯头、控制阀、管接头等的局部阻力较大，故沿程压力损失比局部压力损失小得多。

压力损失过大也就是液压系统中功率损耗过大，将导致油液发热加剧、泄漏量增加、效率下降和液压系统性能变差。因此，在液压技术中正确估算压力损失的大小，从而寻求减少压力损失的途径具有重要意义。减少压力损失的常用措施包括：降低流速、缩短管路长度、减少管路截面的突然变化、采用压降小的控制阀、提高管路内壁的加工质量等，其中最有效的措施为降低流速。

液体流经小孔及缝隙的流量分析

在液压系统中常利用液体流经阀的小孔或缝隙来控制流量和压力，达到调速和调压的目的。液压元件的泄漏亦属于缝隙流动。

一、液体流经小孔的流量

在液压系统的管路中，装有截面突然收缩的装置，称为节流装置（如节流阀）。突然收缩处的流动称为节流。在液压传动及控制中需人为地制造这种节流装置来实现对流量和压力的控制。

根据孔的通流长度 l 与孔径 d 之比，将孔分为薄壁小孔、短孔和细长孔三类。薄壁小孔是指孔的长径比 $l/d \leqslant 0.5$，短孔是指孔的长径比 $0.5 < l/d \leqslant 4$，细长孔是指孔的长径比 $l/d > 4$。

液体流经小孔流量的通用公式为：

$$q = KA\Delta p^m \tag{1-8}$$

式中：K——由小孔的形状、尺寸和液体性质决定的系数，细长孔 $K = d^2/(32\mu l)$，薄壁孔和短孔 $K = C_q\sqrt{2/\rho}$，其中 C_q 为流量系数，一般由试验确定。

A——小孔的通流截面面积；

Δp——小孔两端的压差；

m——由小孔的长径比决定的指数，薄壁孔 $m = 0.5$，细长孔 $m = 1$，短孔 $m = 0.5 \sim 1$。

从通用公式（1-8）中可以看出，无论是哪种小孔，其通过的流量均与小孔的通流截面面积 A 及两端压差 Δp 成正比，改变 A 或 Δp 即可改变小孔的流量，从而达到对运动部件调速的目的。

二、液体流经缝隙的流量

液压系统是由一些液压元件、管接头和管道等组成的，每一部分又都是由一些零件组成的，在这些零件之间，通常需要有一定的配合间隙，由此带来了泄漏现象。

泄漏是长期以来影响和制约液压技术应用、声誉和发展的重要问题。因为泄漏不仅浪费液压油、污染环境，还会降低系统的效率，影响系统的正常工作（如液压缸的速度和输出的力不正常往往就是由于泄漏造成的）。因此，在液压系统安装和使用中应设法减少泄漏量。减少泄漏量的常用措施有：采用合理的密封装置及密封件，提高零件加工和装配精度，正确布置管路，保持系统清洁等。

任务六

液压冲击和气蚀

一、液压冲击

在液压系统中，由于某种原因使液体压力突然产生很高的压力峰值，这种现象称为液压冲击。液压冲击的实质主要是管道中的液体因突然停止运动而导致动能向压力能的瞬时转变。故当阀门瞬时关闭时，管道中便会产生液压冲击；当液压系统中运动着的工作部件突然制动或换向时，工作部件的动能将引起液压执行元件的回油腔和管路内的油液产生液压激振，导致液压冲击；液压系统中某些液压元件的动作不够灵敏，也会产生液压冲击，如系统压力突然升高，但溢流阀反应迟钝，不能迅速打开时，便会产生压力超调，即液压冲击。

液压冲击会引起振动和噪声，其压力峰值可为工作压力的数倍，使液压系统产生温升，有时使某些液压元件（如压力继电器、顺序阀等）产生错误动作而影响系统正常工作，甚至可导致某些液压元件、密封装置和管路损坏。

二、气蚀

在液压传动中，液压油总是含有一定量的空气。空气可溶解在液压油中，也可以气泡的形式混合在液压油中。如果某一处的压力低于空气分离压力时，溶解于油液中的空气就会从油液中分离出来形成气泡，当压力降至液压油的饱和蒸气压力以下时，油液就会沸腾而产生大量气泡。这些气泡混杂在油液中，使得原来充满导管和元件中的油液成为不连续状态，这种现象称为空穴现象。

在液压系统中，泵的吸油口及吸油管路中的压力低于大气压力时容易产生空穴现象。油液流经节流口等狭小缝隙时，由于速度增加，压力下降至空气分离压力以下，也会产生空穴现象。空穴现象产生的气泡，随着油液运动到高压区时，会因承受不了高压而破灭，产生局部的液压冲击，发出噪声并引起振动，当附在金属表面上的气泡破灭时，它所产生的局部高温和高压会使金属剥落，使液压元件表面粗糙，或出现海绵状的小洞穴，节流口下游部位常会发现这种腐蚀的痕迹，这种现象称为气蚀。

知识链接

最美的"奋斗者"

2020年11月10日8时12分，我国全海深载人潜水器奋斗者号（图1-5）在马里亚纳海沟深度10 909 m处成功坐底，并停留了6 h，进行了一系列的深海探测科考活动，带回了矿物、沉积层、深海生物及深海水样等珍贵样本，并在深海中完成了和水上的通话。

回顾我国载人潜水器的发展史，从1971年开始研制，到第一艘载人潜水器7103救生艇于1986年研制成功。此后，自主研发载人潜水器的脚步就越迈越大，下潜深度也从最初的300 m，达到本次奋斗者号的10 909 m。

正如奋斗者号全海深载人潜水器的名字，奋斗者号的成功反映了当代科技工作者接续奋斗、勇攀高峰的精神风貌，而且，每一位为中国探索星辰大海、保卫国泰民安、创造繁荣富强的工作者，都是这个时代最美的"奋斗者"。

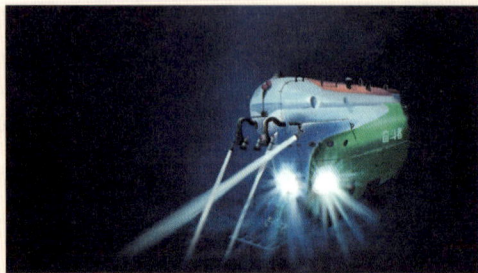
图1-5 奋斗者号

请同学们粗略估算一下，奋斗者号全海深载人潜水器潜入深度10 909 m的海底时，所受海水压力的大小。

习 题

1-1 生活中，你所知道的"油"有哪些？

1-2 什么是液体的黏性？用什么衡量液体的黏性大小？

1-3 家里烹饪用的花生油，夏天较"稀"，冬天较"稠"，这是什么原因？

1-4 对液压油的要求有哪些？如何选用液压油？

1-5 什么是压力？压力有哪几种表示方法？它们之间有什么关系？

1-6 液体的流动状态有几种？如何判定？

1-7 液压系统中的压力损失分为哪两类？减少压力损失的途径有哪些？

1-8 在高速公路上开车时，为什么速度较高时会感觉汽车发飘？请大家根据伯努利方程，试着解释一下这一现象。道路千万条，安全第一条！珍爱生命，请勿超速开车！

1-9 题1-9图所示为手动喷雾器的工作原理图，请大家根据连续性方程和伯努利方程，分析喷雾器的工作原理。

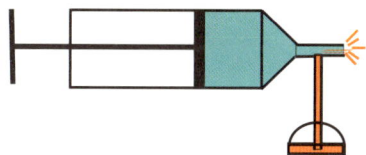

题 1-9 图

项目二
液压缸

⚙ 项目引入

　　机场配餐车是一种液压传动、剪式升降的车载式设备，用于飞机食品装卸服务。当机场配餐车就位后，撑脚可将车体锁定在地面上，升降机可将 4 t 重的车厢举升到 8 m 的高空。推动撑脚、升降机运动的就是液压缸。本项目将介绍液压缸是如何推动撑脚、升降机运动的。

🔧 学习目标

1. 掌握单杆活塞缸、双杆活塞缸、柱塞缸、伸缩缸的工作原理和结构特点。
2. 能够计算液压缸的推力、速度。
3. 能够识读液压缸的图形符号。
4. 能够正确使用液压缸上的排气装置，给液压系统排气。

液压系统中执行元件是将液压泵提供的压力能转换为机械能的能量转换装置，根据输出运动形式的不同可分为液压缸和液压马达两类。液压缸是指输出往复直线运动（包括摆动）的执行元件，在工厂里常被称为油缸。

任务一
液压缸的类型和特点

液压缸按其结构形式可分为活塞式、柱塞式和摆动式三类。活塞式液压缸和柱塞式液压缸（简称柱塞缸）可实现往复直线运动，输出推力（或拉力）和速度；摆动式液压缸（简称摆动缸）则能实现小于 360° 的往复摆动，输出转矩和角速度。

液压缸按其受油液压力的作用方式可分为单作用缸和双作用缸两类。单作用缸利用油液压力实现单方向运动，反方向运动则依靠外力来实现。双作用缸利用油液压力可实现正、反两个方向的往复运动。在实际的使用过程中，单作用缸应用比较少，双作用缸应用广泛。

一、活塞式液压缸

1. 双杆活塞缸

双杆活塞缸的活塞两侧各有一根活塞杆伸出。图 2-1 所示为实心双杆活塞缸的典型结构图，其主要由活塞 5、两个活塞杆 7、缸筒 6、端盖 8、压盖 1 等组成。端盖 8 上开有进、出油口，活塞 5 与活塞杆 7 通过销连接，活塞两端的活塞杆直径通常是相等的。

a、b 两个油口交替执行进油和回油任务，当液压缸 a 口进油，b 口回油时，液压油通过 a 口油道进入液压缸左腔，将推动活塞相对缸筒向右运动。当液压缸 b 口进油，a 口回油时，液压油通过 b 口油道进入液压缸右腔，将推动活塞相对缸筒向左运动。

由于双杆活塞缸两端的活塞杆直径通常是相等的，因此它左、右两腔的有效面积也相等。当分别向左、右腔输入相同压力和相同流量的油液时，液压缸左、右两个方向的推力和速度相等，当活塞的直径为 D，活塞杆的直径为 d，液压缸进、出油口的压力为 p_1 和 p_2，输入流量为 q 时，双杆活塞缸的推力 F 和速度 v 为

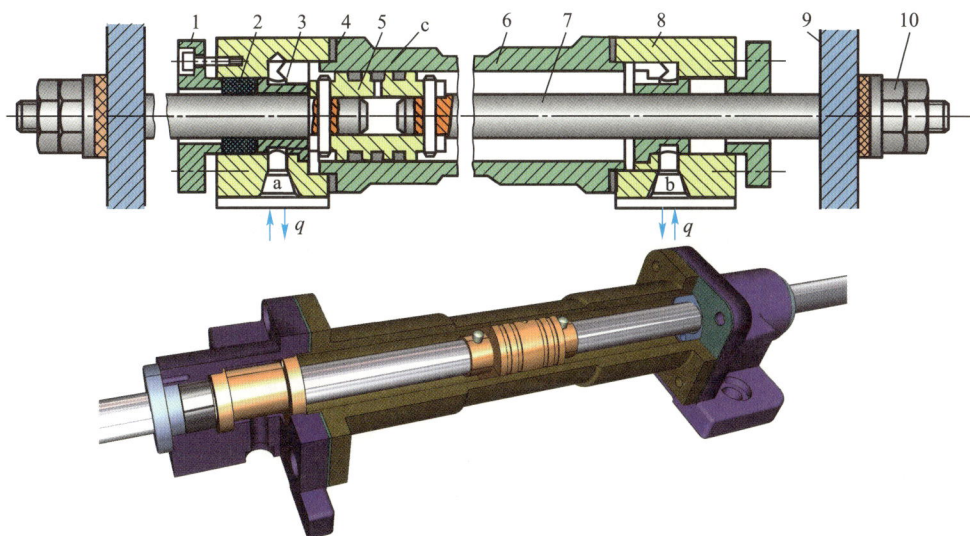

1—压盖；2—密封圈；3—导向套；4—纸垫；5—活塞；6—缸筒；7—活塞杆；8—端盖；9—支架；10—螺母

图 2-1　实心双杆活塞缸

$$F = (p_1 - p_2)A = \frac{\pi}{4}(p_1 - p_2)(D^2 - d^2) \qquad (2-1)$$

$$v = \frac{q}{A} = \frac{4q}{\pi(D^2 - d^2)} \qquad (2-2)$$

式中：A——活塞的有效工作面积。

　　这种两个方向等速、等力的特性，使双杆活塞缸特别适合应用于双向负载基本相等且又要求往复运动速度相同的场合。

2. 单杆活塞缸

　　单杆活塞缸的活塞只有一侧有活塞杆伸出。图 2-2 所示为单杆活塞缸的典型结构图，其主要由缸筒 3，活塞 2，活塞杆 8，缸盖 1、4，导向套 6 等组成。当液压油从 a 口或 b 口进入缸筒 3 时，可使活塞实现往复运动。当液压缸 a 口进油，b 口回油时，液压油通过 a 口油道进入液压缸无杆腔，将推动活塞相对缸筒向右运动，活塞杆伸出。当液压缸 b 口进油，a 口回油时，液压油通过 b 口油道进入液压缸有杆腔，将推动活塞相对缸筒向左运动，活塞杆缩回。

　　图 2-3 所示为单杆活塞缸的三种工况。单杆活塞缸的活塞两侧有效工作面积不等。当输入液压缸的油液流量为 q，液压缸进、出油口压力分别为 p_1 和 p_2 时：

　　1）如图 2-3a 所示，无杆腔进油，有杆腔回油，活塞杆伸出，活塞上所产生的推力 F_1 和速度 v_1 分别为：

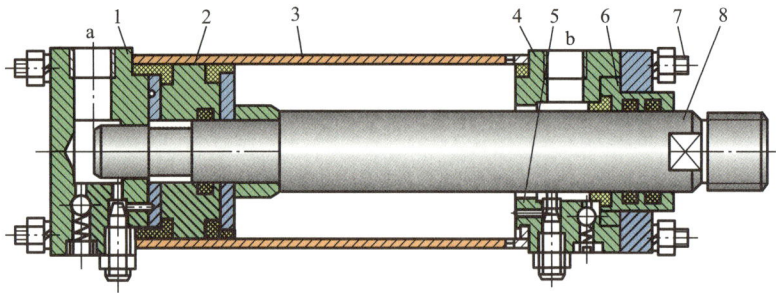

1、4—缸盖；2—活塞；3—缸筒；5—缓冲及排气装置；6—导向套；7—拉杆；8—活塞杆

图 2-2 单杆活塞缸

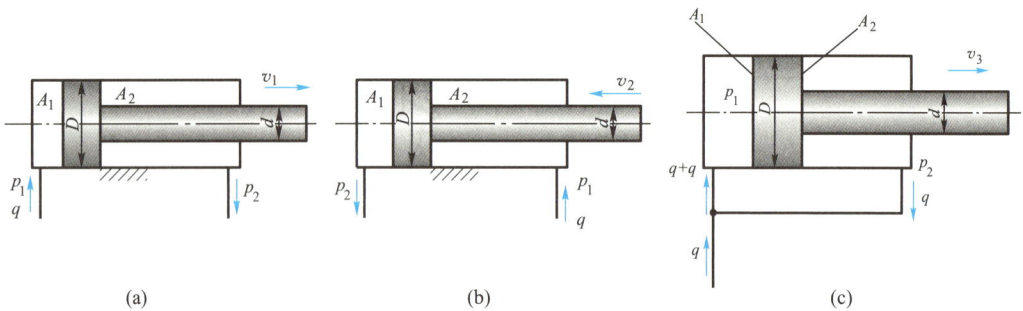

图 2-3 单杆活塞缸的三种工况

$$F_1 = p_1 A_1 - p_2 A_2 = \frac{\pi}{4} D^2 p_1 - \frac{\pi}{4}(D^2 - d^2)p_2 = \frac{\pi}{4} D^2(p_1 - p_2) + \frac{\pi}{4} d^2 p_2 \quad （2-3）$$

$$v_1 = \frac{q}{A_1} = \frac{4q}{\pi D^2} \quad （2-4）$$

式中：A_1、A_2——分别为液压缸无杆腔和有杆腔活塞的有效工作面积。

2）如图 2-3b 所示，有杆腔进油，无杆腔回油，活塞杆缩回，活塞上所产生的推力 F_2 和速度 v_2 分别为：

$$F_2 = p_1 A_2 - p_2 A_1 = \frac{\pi}{4}(D^2 - d^2)p_1 - \frac{\pi}{4} D^2 p_2 = = \frac{\pi}{4} D^2(p_1 - p_2) - \frac{\pi}{4} d^2 p_1 \quad （2-5）$$

$$v_2 = \frac{q}{A_2} = \frac{4q}{\pi(D^2 - d^2)} \qquad (2\text{-}6)$$

综上所述，由于 $A_1 > A_2$，所以有 $v_1 < v_2$、$F_1 > F_2$。

3）如图 2-3c 所示，无杆腔和有杆腔同时通液压油，这种油路连接方式称为差动连接。做差动连接的单杆活塞缸称为差动液压缸。在忽略两腔连通油路压力损失的情况下，差动连接时液压缸两腔的油液压力相等。由于无杆腔受力面积大于有杆腔，活塞向右的作用力大于向左的作用力，活塞杆做伸出运动，并将有杆腔的油液挤入无杆腔，加大了流入无杆腔的流量，从而加快了活塞杆的伸出速度。其活塞上所产生的推力 F_3 和速度 v_3 分别为：

$$F_3 = p_1 A_1 - p_2 A_2 = \frac{\pi}{4}D^2 p_1 - \frac{\pi}{4}(D^2 - d^2)p_1 = \frac{\pi}{4}d^2 p_1 \qquad (2\text{-}7)$$

$$v_3 = \frac{q}{A_1 - A_2} = \frac{4q}{\pi d^2} \qquad (2\text{-}8)$$

综上所述，有 $v_1 < v_3$、$F_1 > F_3$。

综合上述三种工况可得：① 在不加大油源流量的前提下，单杆活塞缸可获得两种不同的伸出速度 v_1、v_3 和一种快速退回速度 v_2。② 无杆腔进油，有杆腔回油时，推力最大，速度最慢，适用于执行元件重载慢速的工作行程（工进）；有杆腔进油，无杆腔回油时，推力较小，运动速度较快，适用于执行元件轻载快速的退回行程（快退）；差动连接时，推力较小，运动速度较快，适用于执行元件空载快速的进给行程（快进）。

知识链接

世界上最长的液压启闭机油缸诞生记

2008 年由中船重工中南装备有限责任公司制造，用于三峡工程进水口快速门的液压启闭机油缸（图 2-4）投入安装。该油缸重 55 t，缸筒内径 710 mm，活塞杆长 19.2 m，油缸总长 21.6 m，是当时世界上最长的液压启闭机油缸。

中船重工中南装备有限责任公司在中标该项目时，没有先例可以借鉴，为了节约制造成本，公司面对着一个个现场技术、质量难题。需要用现有 15 m 长的设备，加工 19.2 m 长的活塞杆；需要完成满足设计要求的 19.2 m 长活塞杆镀铬；需要加工保证缸体内孔的圆度、直线度要求的直径 710 mm，长 17.56 m 的缸体；需要在一道道工序间安全转运大型零件等。

公司上下从领导到一般员工，从技术人员到能工巧匠，从老师傅到青年技工，上下团结一致，协同工作，多面创新苦攻关，能工巧匠齐上阵，精益生产筑安全，最终用了 6 个月的时间，完成了三峡地下电站这 6 支"世界最长油缸"的制造，其核心竞争力得到极大提升。

中船重工中南装备有限责任公司以实力创造了一个新的"世界第一"。

图 2-4 液压启闭机油缸

【例题 2-1】 如图 2-5 所示，两个结构尺寸相同的液压缸串联，其有效工作面积 $A_1=100\ cm^2$、$A_2=80\ cm^2$，$p_1=1\ MPa$，液压泵的流量 $q_1=12\ L/min$。若不计摩擦损失和泄漏，试求：

（1）两缸外负载相同时，两缸的外负载和速度各为多少？

（2）缸 1 不受外负载时，缸 2 能承受多少外负载？

（3）缸 2 不受外负载时，缸 1 能承受多少外负载？

解：由题图，得 $p_1A_1 = p_2A_2 + F_1$；$p_2A_1 = F_2$。

（1）当 $F_1 = F_2$ 时：

$$F_1 = F_2 = \frac{p_1A_1^2}{A_1 + A_2} = \frac{1 \times 10^6 \times (100 \times 10^{-4})^2}{180 \times 10^{-4}}\ N \approx 5\ 555.6\ N$$

$$v_1 = \frac{q_1}{A_1} = \frac{12 \times 10^{-3}}{100 \times 10^{-4}}\ m/min = 1.2\ m/min$$

$$v_2 = \frac{q_2}{A_2} = \frac{v_1 A_2}{A_1} = 1.2 \times \frac{80}{100} \text{ m/min} = 0.96 \text{ m/min}$$

（2）当 $F_1 = 0$ 时：

$$F_2 = \frac{p_1 A_1^2}{A_2} = \frac{1 \times 10^6 \times (100 \times 10^{-4})^2}{80 \times 10^{-4}} \text{ N} = 12\,500 \text{ N}$$

（3）当 $F_2 = 0$ 时：

$$F_1 = p_1 A_1 = 1 \times 10^6 \times 100 \times 10^{-4} \text{ N} = 10\,000 \text{ N}$$

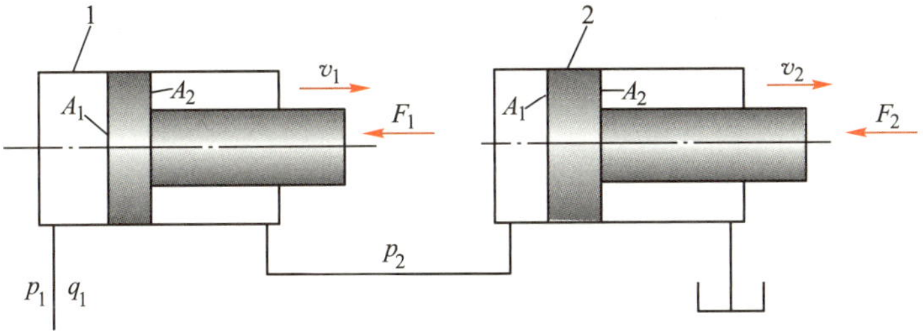

图 2-5　例题 2-1 图

【例题 2-2】　某单杆活塞缸的活塞直径 $D = 80$ mm，活塞杆直径 $d = 50$ mm，现用流量 $q = 30$ L/min，压力为 $p = 3$ MPa 的液压泵供油驱动，试求：

（1）该液压缸能推动的最大外负载；

（2）差动工作时，该液压缸的速度。

解：（1）以无杆腔进油，有杆腔回油时，液压缸产生的推力最大，此时能推动的外负载为：

$$F = p \frac{1}{4} \pi D^2 = 3 \times 10^6 \text{ Pa} \times \frac{1}{4} \pi \times 0.08^2 \text{ m}^2 \approx 15\,080 \text{ N}$$

（2）差动工作时的速度为：

$$v = \frac{q}{\frac{1}{4} \pi \times d^2} = \frac{30 \times 10^{-3} / 60}{\frac{1}{4} \pi \times 0.05^2} \text{ m/s} \approx 0.255 \text{ m/s}$$

二、柱塞式液压缸

图 2-6 所示为柱塞缸的典型结构图，其主要由缸筒 1、柱塞 2、导向套 3 等组成。为了减轻重量，防止柱塞下垂（水平放置时），降低密封装置的单面摩擦，柱塞缸的柱塞通常做成空心的。

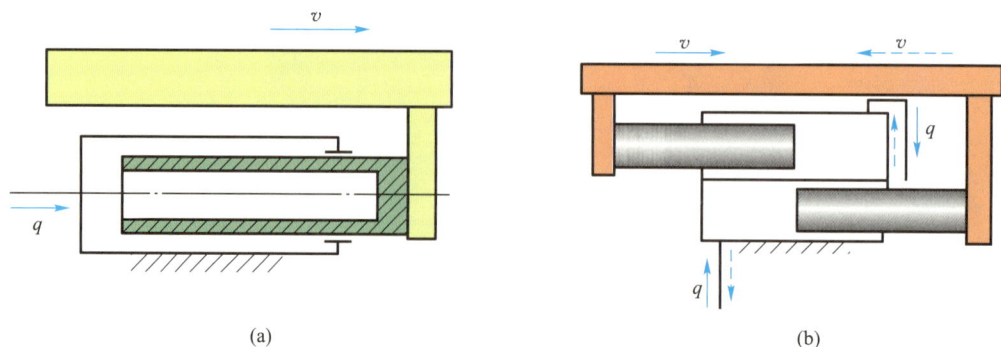

(a) 结构图　　　　　　　　　　　　(b) 图形符号

1—缸筒；2—柱塞；3—导向套；4—弹簧卡圈

图 2-6　柱塞缸

柱塞缸是一种单作用缸，即靠油液压力只能实现一个方向的运动，回程要靠自重（当液压缸垂直放置时）或弹簧等其他外力来实现。其工作原理如图 2-7a 所示，柱塞与工作部件连接，缸筒固定在机体上。当液压油进入缸筒时，将推动柱塞带动运动部件向右运动。反向退回时必须靠其他外力或自重驱动。当柱塞的直径为 d，输入液压油的流量为 q，压力为 p 时，其柱塞上所产生的推力 F 和速度 v 为：

$$F = pA = p\frac{\pi}{4}d^2 \tag{2-9}$$

$$v = \frac{q}{A} = \frac{4q}{\pi d^2} \tag{2-10}$$

为了得到双向运动，柱塞缸常成对使用，如图 2-7b 所示。

(a)　　　　　　　　　　　　　　　(b)

图 2-7　柱塞缸的工况

柱塞缸最大的特点是柱塞不与缸筒接触，运动时靠缸盖上的导向套来导向，因而对缸筒内壁的加工精度要求很低，工艺性好，成本低，特别适用于行程较长的场合。

三、摆动式液压缸

图 2-8 所示为摆动缸，也称摆动液压马达，它有单叶片和双叶片两种结构形式。定子块 1 固定在缸体 4 上，叶片 2 与摆动轴 3 连为一体。当两油口交替通入液压油时，在叶片的带动下，它的摆动轴能输出往复摆动。

图 2-8a 所示为单叶片式摆动缸，它的摆动角度较大，可达 300°；图 2-8b 所示为双叶片式摆动缸，它的摆动角度较小，可达到 150°。

摆动缸常用于工夹具的夹紧装置、送料装置、转位装置及需要周期性进给的系统中。

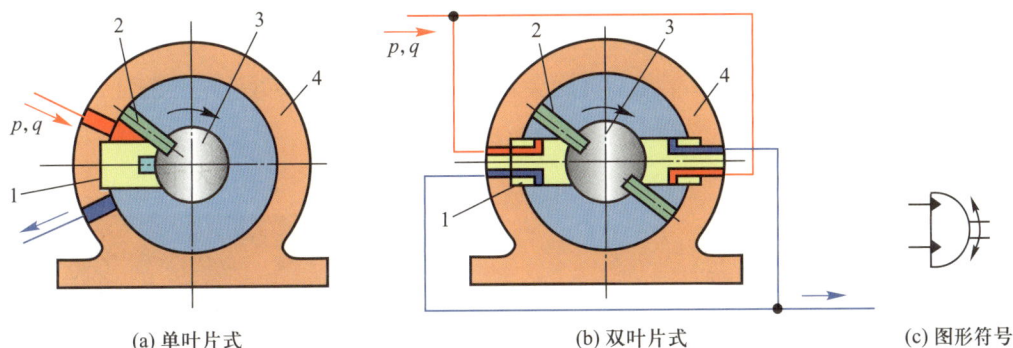

(a) 单叶片式　　　　　　　(b) 双叶片式　　　　　　(c) 图形符号

(d) 双叶片式摆动缸结构

1—定子块；2—叶片；3—摆动轴；4—缸体

图 2-8　摆动缸

四、其他液压缸

1. 伸缩缸

伸缩缸也称多级缸，它由两级或多级活塞缸套装而成，前一级活塞缸的活塞杆是后一级活塞缸的缸筒，图 2-9 所示为单作用伸缩缸，图 a 所示为伸缩缸完全缩回，图 b 所示为伸缩缸完全伸出，图 c 所示为伸缩缸在自卸车上的应用。工作时外伸动作逐级进行，首先是最大直径的活塞运动，当其达到行程终点的时候，稍小直径的活塞运动。由于有效工作面积逐次减小，因此，当输入流量相同时，活塞杆外伸速度逐级增大；当外负载恒定时，液压缸的工作压力逐级增高。空载缩回的顺序一般是从小活塞到大活塞。

伸缩缸伸出时可以获得很长的工作行程，缩回时可以保持很小的结构尺寸，占用空间较小，结构紧凑，常用于工程机械和其他行走机械，如起重机伸缩臂液压缸、自卸汽车举升液压缸等。2008 年北京奥运会开幕式、闭幕式中多处使用伸缩缸，如蓝色星球、火炬塔等，创造了"突兀而起"的效果。

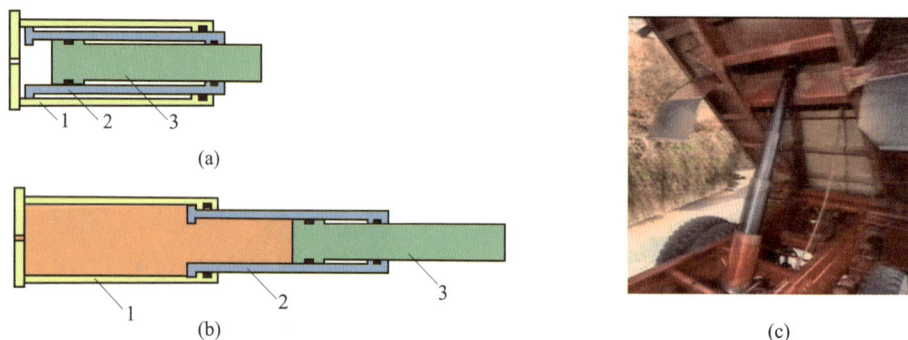

AR 单作用伸缩缸

1—缸筒；2—二级缸筒；3—活塞杆

图 2-9　单作用伸缩缸

2. 齿条活塞缸

齿条活塞缸又称无杆式液压缸，它由带有齿条杆的双活塞缸和齿轮组成，如图 2-10 所示。当液压油推动活塞左右往复运动时，齿条就推动齿轮往复转动，齿轮再驱动工作部件周期性往复转动。它多用于自动生产线、组合机床等的转位或分度机构中。

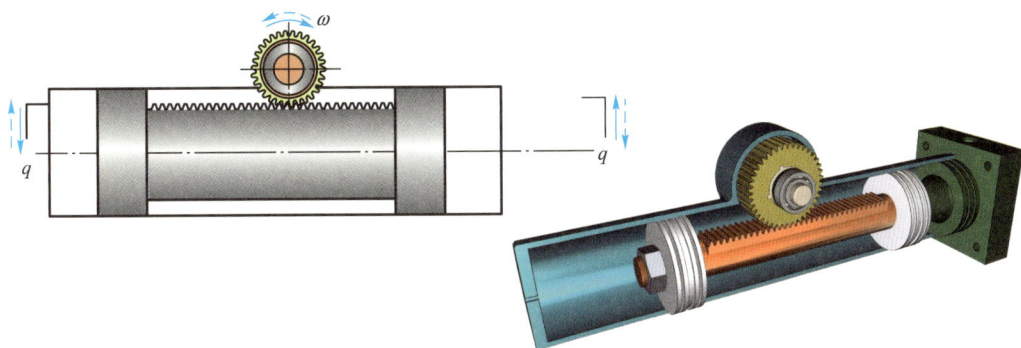

图 2-10　齿条活塞缸

任务二

液压缸的典型结构

　　液压缸的结构形式很多，现以图 2-11 所示单杆活塞缸为例，说明液压缸的基本组成。它主要由缸底 1、缸筒 7、缸头 18、活塞 21、活塞杆 8、导向套 12、缓冲套 6、无杆端缓冲套 24、缓冲节流阀 11 及密封装置等组成。缸筒 7 与法兰 3、10 焊接成一个整体，然后通过连接螺钉 25 与缸底 1、缸头 18 连接。图中用半剖的方法表示了活塞与缸筒、活塞杆与缸盖之间的两种密封形式：上部为橡塑组合密封，下部为唇形密封。该液压缸具有双向缓冲功能，工作时液压油经进油口、单向阀进入工作腔，推动活塞运动，当活塞运动到终点前，缓冲套将切断油路，油液只能经节流阀排出，起节

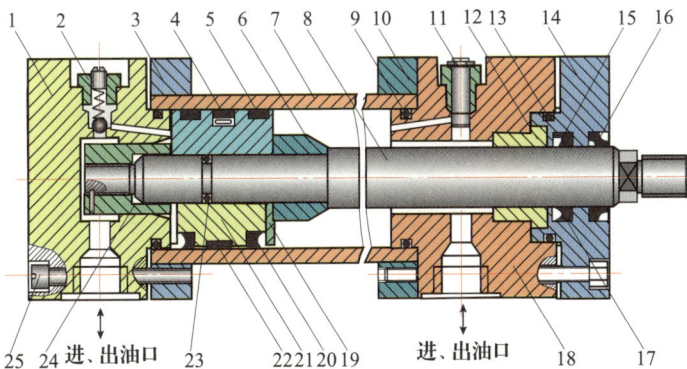

1—缸底；2—单向阀；3、10—法兰；4—格莱圈密封；5、22—导向环；6—缓冲套；7—缸筒；8—活塞杆；
9、13、23—O 形密封圈；11—缓冲节流阀；12—导向套；14—缸套；15—斯特圈密封；16—防尘圈；
17—Y 形密封圈；18—缸头；19—护环；20—Y_X 密封圈；21—活塞；24—无杆端缓冲套；25—连接螺钉

图 2-11　单杆活塞缸的结构

流缓冲作用（图中左端只画了单向阀，右端只画了节流阀）。液压缸按结构组成可以分为缸体组件、活塞组件、密封装置、缓冲装置和排气装置等。本任务主要介绍液压缸的缓冲、排气等相关内容。

一、密封装置

液压缸的密封装置用以防止油液的泄漏（液压缸一般不允许外泄漏，并要求内泄漏尽可能小）。密封装置设计的好坏对于液压缸的静、动态性能有着重要的影响。一般要求密封装置应具有良好的密封性，尽可能长的寿命，且制造简单，装拆方便，成本低。液压缸的密封主要指活塞、活塞杆处的动密封和缸盖等处的静密封。有关密封装置的结构、安装和使用等详见项目四。

二、缓冲装置

当液压缸驱动的工作部件的质量较大，运动速度较高时，由于惯性力较大，会使行程终了时，活塞与缸盖发生碰撞，造成液压冲击和噪声，甚至严重影响工作精度和引起整个系统及液压元件的损坏，故在大型、高速或高精度的液压设备中往往要设置缓冲装置。

当活塞或缸筒移动到接近缸盖时，缓冲装置可将活塞和缸盖之间的一部分液体封住，迫使液体从小孔或缝隙中挤出，增大液压缸回油阻力，回油腔产生足够大的缓冲压力，使活塞减速，从而防止活塞撞击缸盖。

1. 环状间隙式缓冲装置

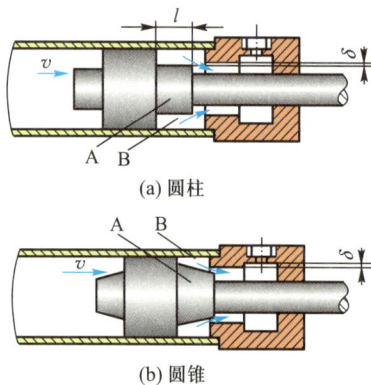

图 2-12 环状间隙式缓冲装置

图 2-12a 所示为一种圆柱环状间隙式缓冲装置。它由活塞上的圆柱形柱塞和液压缸缸盖上的内孔组成。当缓冲柱塞 A 进入缸盖上的内孔时，缸盖和活塞间形成环形缓冲腔 B，被封闭的油液只能经环状间隙 δ 排出，产生缓冲压力，从而实现减速缓冲。这种装置在缓冲过程中，由于回油通道的通流截面不变，因而缓冲开始时，产生的缓冲制动力很大，液压冲击较大，其缓冲效果较差，且实现减速需较长行程。但这种装置结构简单，便于设计和降

低成本。

图 2-12b 所示为圆锥环状间隙式缓冲装置，这种缓冲装置由于缓冲柱塞 A 为圆锥形，因此缓冲环状间隙 δ 会随位移量不同而改变，即通流截面随缓冲行程的增大而缩小，使机械能的吸收较均匀，其缓冲效果较好。

2. 可变节流槽式缓冲装置

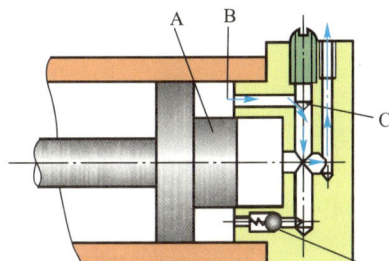

图 2-13 所示为可变节流槽式缓冲装置，它在缓冲柱塞 A 上开有变截面的轴向三角节流槽。当活塞移近缸盖时，回油油液只能经过三角槽流出，因而使活塞受到制动作用。随着活塞的移动，三角槽通流截面逐渐变小，阻力作用增大，因此，缓冲作用均匀，冲击压力较小，制动位置精度高。

3. 可调节流孔式缓冲装置

图 2-14 所示为可调节流孔式缓冲装置，当缓冲柱塞 A 进入缸盖内孔时，回油口被柱塞堵住，圆环形回油腔中的油液只能通过针形节流阀 C 流出，从而使活塞制动。调节节流阀的开口，可以改变制动阻力的大小。这种缓冲装置起始缓冲效果好，随着活塞向前移动，缓冲效果逐渐减弱，因此它的制动行程较长。当活塞反向运动时，液压油通过单向阀 D 进入液压缸，可使活塞快速起动。

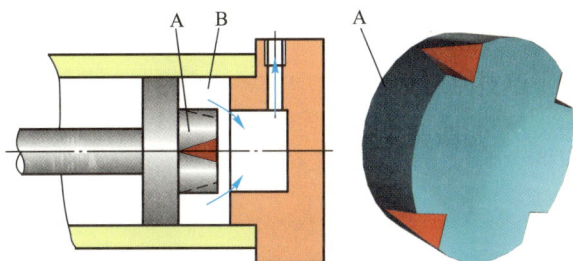

图 2-13　可变节流槽式缓冲装置　　　　图 2-14　可调节流孔式缓冲装置

三、排气装置

当液压系统长时间停止工作，系统中的油液由于自重的作用或其他原因而流出，这时易使空气进入系统。如果液压缸中有空气或油液中混入空气，都会使液压缸运动不平稳，因此一般的液压系统在开始工作前都应将系统中的空气排出。为此可在液压缸的最高部位（那里往往是空气聚积的地方）设置排气装置。排气装置通常有两种：一种是在液压缸的最高部位处开排气孔，并用管道连接排气阀进行排气；另一种是在液压缸的最高部位处安装排气塞，如图 2-15 所示。两种排气装置都是在液压缸排气时打开（让活塞全行程往复移动数次），排气完毕后关闭。

并非所有的液压缸都设置排气装置，对于速度稳定性要求不高的液压缸往往不设专门的排气装置，而是将通油口布置在缸筒两端的最高处，使缸中的空气随油液的流动而排走。对于速度稳定性要求较高及较大型的液压缸，则必须设置排气装置。

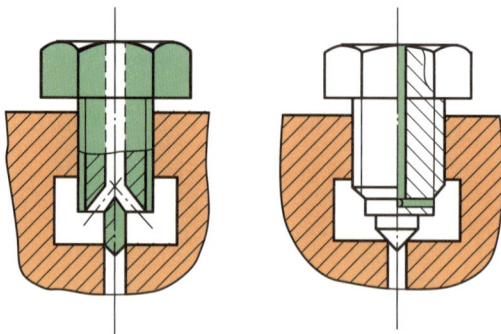

图 2-15 排气塞

习 题

2-1 液压缸有哪些类型？如果要使机床工作往复运动速度相同，应采用什么类型的液压缸？

2-2 差动连接应用在什么场合？

2-3 液压缸常见的缓冲方法有哪些？

2-4 已知单杆活塞缸的内径 $D=100$ mm，活塞杆直径 $d=50$ mm，输入工作压力 $p_1=2$ MPa，流量 $q=10$ L/min，回油腔压力 $p_2=0.5$ MPa。试求：

（1）活塞往返运动时的推力；

（2）活塞往返运动时的运动速度。

2-5 如题 2-5 图所示，两个结构尺寸相同的液压缸串联，其有效工作面积 $A_1=125$ cm^2、$A_2=100$ cm^2，两液压缸的外负载分别为 $F_1=25$ kN、$F_2=18$ kN，液压泵的输入流量 $q_1=20$ L/min，$p_3=0.5$ MPa。若不计摩擦损失和泄漏，试求：

（1）液压缸的工作压力；

（2）液压缸的运动速度。

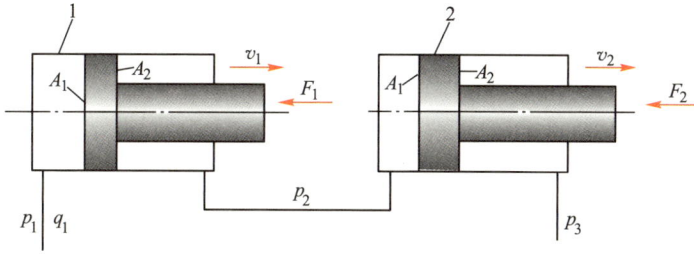

题 2-5 图

2-6 液压启闭机油缸的缸筒内径为 710 mm，当无杆腔进油，油液压力为 10 MPa 时，对活塞会有多大的推力？

2-7 当机场配餐车驱动撑脚运动的支腿液压缸活塞直径 $D=100$ mm，活塞杆直径 $d=60$ mm，车体总重为 6 t 时，对于如题 2-7 图所示的 4 个并联液压缸，平均每个液压缸无杆腔需要多大的压力，撑脚才能将车体撑起，并锁定在地面上？

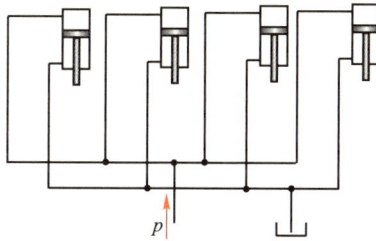

题 2-7 图

液压泵和液压马达

⚙ 项目引入

　　机场配餐车是一种液压传动、剪式升降的车载式设备，用于飞机食品装卸服务。机场配餐车需通过液压缸推动撑脚、完成升降机运动。而驱动液压缸运动的液压油的压力是由液压泵来提供的。本项目将介绍液压泵是如何输出具有一定压力、一定流量的液压油的。

🔧 学习目标

1. 掌握液压泵和液压马达的工作压力、额定压力、最高允许压力、排量、理论流量和实际流量的概念。

2. 熟悉液压泵的输出功率、容积效率、机械效率和总效率的计算。

3. 熟悉液压马达的输出转矩、转速的计算，了解液压马达的容积效率、机械效率和总效率的计算。

4. 掌握各种常见液压泵的结构特点、工作原理及应用场合。

5. 掌握液压马达的工作原理。

6. 能够正确识读液压泵和液压马达的图形符号。

7. 能够正确选用、安装各种类型的液压泵。

8. 能够正确拆装各种常见泵。

9. 掌握限压式变量叶片泵的工作原理、特性曲线，了解其结构特点。能够根据工作需要，正确调节泵的最大流量及限定压力。

10. 能够正确使用液压马达。

液压泵是将原动机输入的机械能转换为液体压力能的能量转换装置。液压马达是将液体的压力能转换为旋转运动机械能的能量转换装置。从原理上讲，液压泵和液压马达是可逆的。当用原动机带动其转动时为液压泵，反之，当通入液压油时为液压马达。

任务一
液压泵和液压马达概述

一、液压泵和液压马达的工作原理

1. 液压泵的工作原理

图 3-1 所示为单柱塞液压泵的工作原理图。柱塞 2 安装在泵体 3 内，形成一个密封容积 V，柱塞 2 在弹簧 4 的作用下始终压紧在偏心轮 1 上。当原动机带动偏心轮 1 旋转时，柱塞 2 做左右往复运动，使密封容积 V 的大小发生周期性的变化。当柱塞 2 向右运动时，密封容积 V 变大，形成局部真空，油箱中的油液在大气压作用下，经吸油管顶开单向阀 6，进入密封腔而实现吸油。当柱塞 2 向左运动时，密封容积 V 变小，形成局部高压，由于单向阀 6 封住了吸油口，V 腔的油液将顶开单向阀 5 流入系统而实现压油。偏心轮不停地转动，液压泵便不停地吸油和压油，将原动机输入的机械能转换成为液体的压力能。

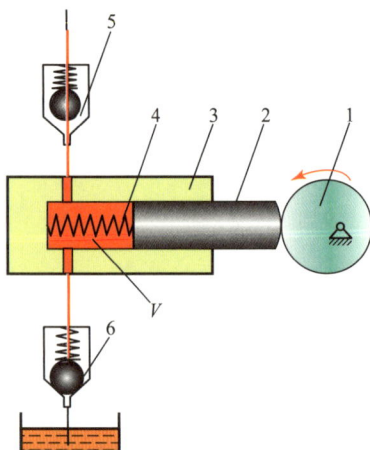

1—偏心轮；2—柱塞；3—泵体；4—弹簧；
5、6—单向阀

图 3-1　单柱塞液压泵的工作原理图

从上述泵的工作过程可以看出：

1）液压泵的密封容积 V 的周期性变化是吸油、压油的根本原因，V 由小变大时吸油，由大变小时压油。依靠密封容积变化进行工作的泵统称为容积式液压泵。

2）在吸油过程中，油箱应与大气接通，这是吸油的必要条件；在压油过程中，油液的压力取决于油液从单向阀 5 压出时所遇到的阻力，即液压泵的工作压力取决于外负载。

3）单向阀 5、6 保证在吸油时 V 腔与油箱连通，同时切断供油管道；在压油时 V 腔与油液流向系统的管道连通而与油箱切断。单向阀 5、6 将压油腔与吸油腔隔开，所以又称它为配流装置。配流装置在形式上可以多种多样。

因此，液压泵要能吸油与压油，必须具备可变的密封容积、吸油腔与压油腔隔开、有与密封容积变化相协调的配流装置、油箱与大气相通这 4 个条件。

液压泵按照结构形式的不同，分为齿轮泵、叶片泵、柱塞泵和螺杆泵等类型。按照排量能否调节分为定量泵和变量泵。

2. 液压马达的工作原理

液压系统中使用的液压马达是容积式马达，从原理上讲是把容积式液压泵逆用，即输入液压油，液压油推动马达轴旋转，输出转矩和转速。但它们在结构细节上是有差异的，如图 3-2 所示。详细情况将在本项目任务五中介绍。

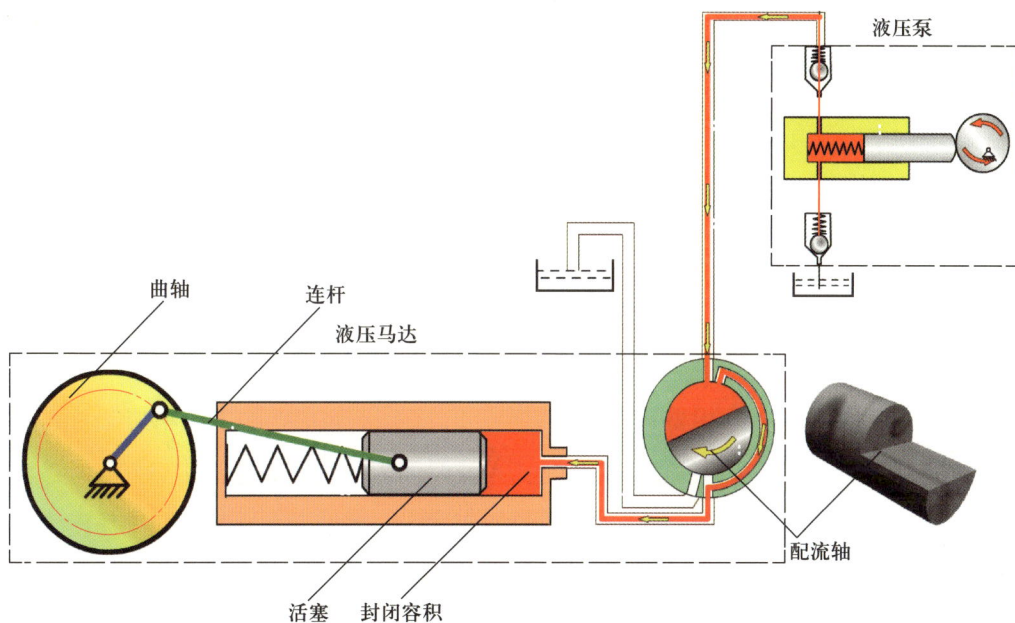

图 3-2　液压马达的工作原理图

微课
液压马达的工作原理

二、液压泵和液压马达的压力、排量和流量

1. 液压泵和液压马达的压力

（1）工作压力

液压泵实际工作时的输出压力称为工作压力。

液压马达的工作压力是指它实际工作时的输入压力。

（2）额定压力

液压泵（液压马达）在正常工作条件下，根据试验标准规定，能连续运转的最高压力称为液压泵（液压马达）的额定压力。额定压力的大小受液压泵（液压马达）本身的泄漏状况和结构强度所制约，其值反映了液压泵（液压马达）的工作能力，工作压力超过该压力即为过载。

（3）最高允许压力

在超过额定压力的条件下，根据试验标准规定，允许液压泵（液压马达）短暂运行的最高压力值称为液压泵（液压马达）的最高允许压力。安全阀的调定值不能超过液压泵（液压马达）的最高允许压力。

2. 液压泵和液压马达的排量和流量

（1）排量 V

液压泵的排量是指泵每转一周，由其密封容积的几何尺寸变化，计算而得到的排出油液的体积。

液压马达的排量是指马达每转一周，由其密封容积的几何尺寸变化，计算而得到的所需输入油液的体积。

排量的单位为 cm^3/r。排量可以调节的液压泵（液压马达）称为变量泵（变量马达），排量不可以调节的液压泵（液压马达）称为定量泵（定量马达）。

（2）流量 q

1）理论流量 q_t：液压泵的理论流量是指在不考虑泄漏的情况下，单位时间内所排出油液的体积。液压马达的理论流量是指单位时间内为达到额定转速，在不考虑泄漏的情况下所需输入油液的体积。理论流量等于排量与其转速的乘积，与工作压力无关，即：

$$q_t = Vn \tag{3-1}$$

2）实际流量 q：液压泵的实际流量是指泵在工作中实际排出的流量，等于理论流量减去因泄漏造成的流量损失 Δq。

液压马达的实际流量是指马达工作时实际输入的流量，等于理论流量加上因泄漏造成的流量损失 Δq。

工作压力会影响液压泵与液压马达的泄漏量和油液的压缩量，从而会影响液压泵与液压马达的实际流量，所以液压泵的实际流量随工作压力的升高而降低，液压马达的实际流量随工作压力的升高而增高。

3）额定流量 q_n：额定流量是指液压泵（液压马达）在正常工作条件下，根据试验标准规定（如在额定压力和额定转速下），必须保证的输出（输入）流量。

三、液压泵的功率、效率

1. 液压泵的功率

（1）输出功率 P_o

泵输出的是液压能，表现为输出油液的压力 p 和流量 q。以图 3-3 所示的泵—缸系统为例，当忽略输油管路及液压缸的能量损失时，液压泵的输出功率等于液压缸的输入功率，又等于液压缸的输出功率，即

$$P_o = Fv = pAv = pq \qquad (3-2)$$

式（3-2）表明，在液压系统中，液压泵的输出功率（液压功率）等于压力和流量的乘积。

（2）输入功率 P_i

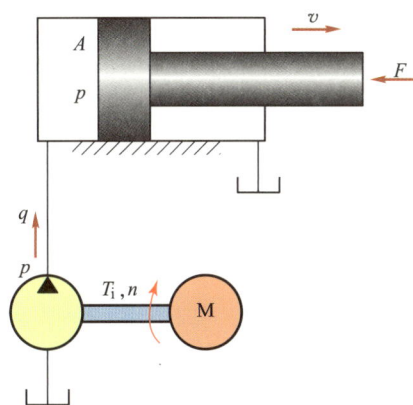

图 3-3　液压泵的输出功率计算

液压泵的输入功率为泵轴的驱动功率，其值为：

$$P_i = 2\pi n T_i \qquad (3-3)$$

式中：T_i——泵轴上的实际输入转矩；

　　　n——泵轴的转速。

（3）驱动液压泵所需的理论转矩 T_t

不考虑损失的情况下，输入液压泵的理论机械功率应无损耗地全部转换为液压泵的理论输出功率，则得：

$$2\pi n T_t = p q_t$$

$$T_t = \frac{pV}{2\pi} \qquad (3-4)$$

2. 液压泵的效率

（1）容积效率 η_V

因为液压泵存在泄漏情况，故液压泵的实际流量 q 总是小于其理论流量 q_t，其容积

效率 η_V 为

$$\eta_V = \frac{q}{q_t} \qquad (3-5)$$

液压泵的容积效率随工作压力 p 的增大而减小。

（2）机械效率 η_m

因为液压泵工作时存在各种摩擦损失，故液压泵的实际输入转矩 T_i 必然大于理论上所需要的转矩 T_t，其机械效率 η_m 为

$$\eta_m = \frac{T_t}{T_i} = \frac{pV}{2\pi T_i} \qquad (3-6)$$

（3）总效率 η

总效率是指液压泵的输出功率 P_o 与输入功率 P_i 的比值，即：

$$\eta = \frac{P_o}{P_i} = \frac{pq}{2\pi n T_i} = \frac{q}{Vn} \cdot \frac{pV}{2\pi T_i} = \eta_V \cdot \eta_m \qquad (3-7)$$

四、液压马达的功率、效率

1. 容积效率 η_V

因为液压马达存在泄漏情况，故输入马达的实际流量 q 必然大于理论流量 q_t，液压马达的容积效率为：

$$\eta_V = \frac{q_t}{q} \qquad (3-8)$$

2. 转速 n

将 $q_t = Vn$ 代入式（3-8），可得液压马达的转速为：

$$n = \frac{q}{V}\eta_V \qquad (3-9)$$

衡量液压马达转速性能的一个重要指标是最低稳定转速，它是指液压马达在额定负载下不出现爬行（抖动或时转时停）现象的最低转速。液压马达的结构形式不同，最低稳定转速也不同。实际工作中，一般希望最低稳定转速越小越好，这样就可以扩大马达的变速范围。

3. 机械效率 η_m

液压马达的机械效率是指液压马达的实际输出转矩 T 与理论转矩 T_t 的比值，即：

$$\eta_m = \frac{T}{T_t} \tag{3-10}$$

4. 转矩 T

液压马达输出的实际转矩 T 为：

$$T = \frac{\Delta p V}{2\pi} \eta_m \tag{3-11}$$

5. 总效率 η

液压马达的总效率是指马达的输出功率 P_o 与输入功率 P_i 的比值，即

$$\eta = \frac{P_o}{P_i} = \frac{2\pi n T}{\Delta p q} = \frac{2\pi n T}{\Delta p \dfrac{V n}{\eta_V}} = \frac{T}{\dfrac{\Delta p V}{2\pi}} \cdot \eta_V = \eta_m \cdot \eta_V \tag{3-12}$$

五、液压泵和液压马达的图形符号

液压泵和液压马达的图形符号如图 3-4 所示。

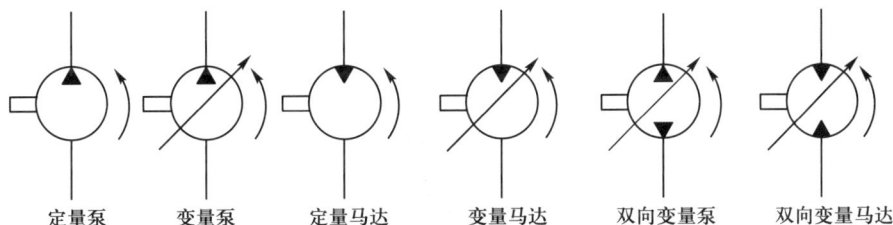

图 3-4　液压泵和液压马达的图形符号

任务二

齿轮泵

齿轮泵是液压系统中广泛采用的一种液压泵，一般分为外啮合和内啮合两种。

一、外啮合齿轮泵

1. 外啮合齿轮泵的工作原理

外啮合齿轮泵的典型结构如图 3-5 所示，在泵体内有一对尺寸相同的齿轮，齿轮两侧有泵盖，泵体和泵盖通过连接螺钉连接，在驱动轴端有密封装置。泵体、泵盖和齿轮的各个齿间槽组成了密封工作腔。

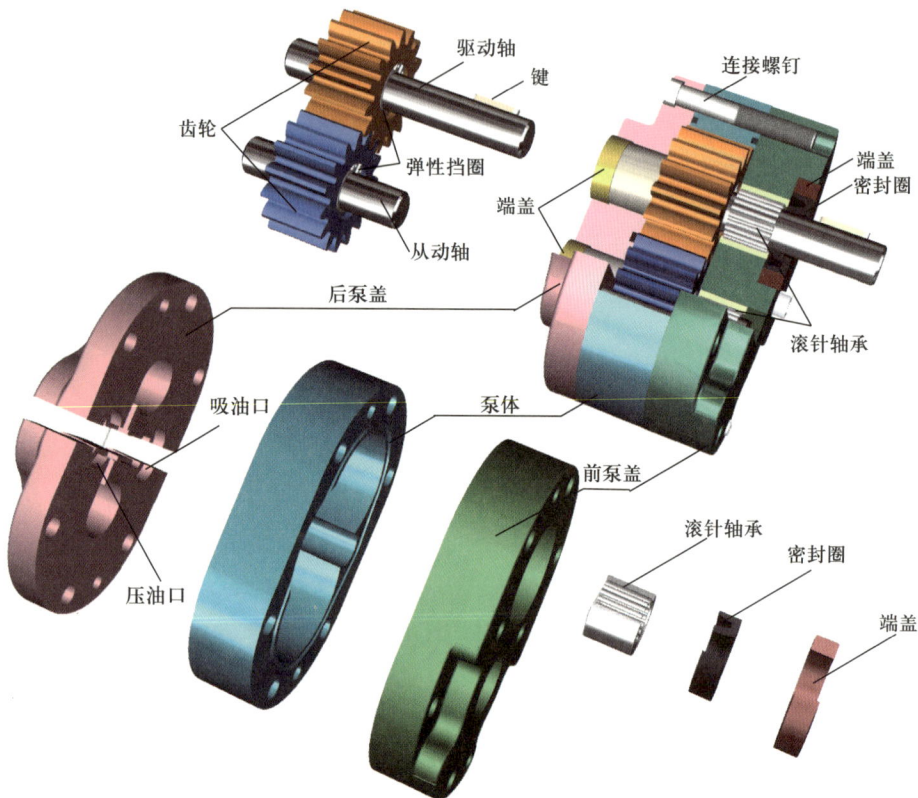

图 3-5 外啮合齿轮泵的典型结构图

图 3-6 所示为外啮合齿轮泵的工作原理，泵体内两个齿轮从啮合点 B_2 开始啮合，B_2 点处的齿面接触线（过 B_2 点垂直于端面，与轮齿同宽）将该工作容积分隔成两个密封的空腔，即 V_1 腔和 V_2 腔，并分别与吸油口和压油口相通。当驱动轴带动齿轮按图示方向转动时，在 V_1 腔中，啮合的两轮齿逐渐脱开，工作容积逐渐增大，形成局部真空，使油箱的油液在大气压力作用下经吸油口进入 V_1 腔，故 V_1 腔为吸油腔；被吸入到 V_1 腔齿间槽的油液随着齿轮的转动被带到 V_2 腔。在 V_2 腔中，两齿轮的轮齿逐渐进入啮合，工作容积逐渐减小，形成局部压力，使 V_2 腔的油液被挤压并经压油口压

出，因此 V_2 腔为压油腔。这样，齿轮连续不断地转动，吸油腔不断地从油箱吸油，压油腔不断地向外排油，这就是外啮合齿轮泵的工作原理。

在齿轮的连续传动中，只要泵的转动方向不变，吸油腔 V_1 和压油腔 V_2 的位置就不会变，啮合点处的齿面接触线一直分隔吸、压油腔，起着配流的作用，因此，齿轮泵中没有专门的配流装置。

外啮合齿轮泵的排量 V 可近似看作是两个啮合齿轮的有效齿槽容积之和，齿轮一旦加工完成，齿槽容积便固定不变，故该泵为定量泵。

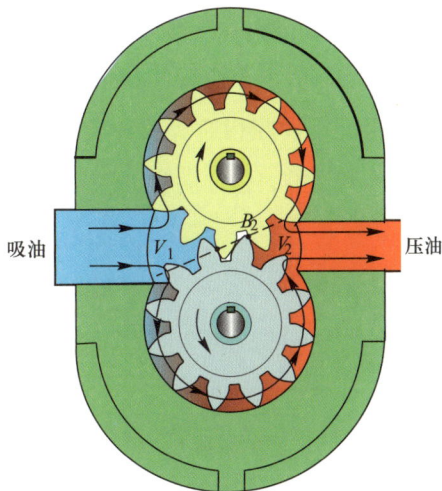

图 3-6　外啮合齿轮泵的工作原理

2. 外啮合齿轮泵的结构特点

外啮合齿轮泵的困油、径向力不平衡和泄漏是影响齿轮泵性能指标和寿命的三大问题。各种不同齿轮泵采用不同结构措施来解决这三大问题。

（1）困油现象

根据齿轮啮合原理，齿轮泵要平稳地工作，齿轮啮合的重合度必须大于 1，也就是要求在一对轮齿即将脱开啮合前，后面的一对轮齿就要开始啮合。在两对轮齿同时啮合的这一小段时间内，留在齿间的油液会困在两对轮齿和前、后泵盖所形成的一个密闭空间中，如图 3-7 所示。这个密封容积的大小随齿轮转动而变化。图 3-7a 所示为后一对轮齿刚进入啮合时的情况，此时密封容积最大，啮合传动继续时，该密封容积逐渐减小，当啮合进行到图 3-7b 所示位置（B_1B_2 中间位置）时，密封容积最小；啮合传动继续时，该密封容积逐渐增大，当啮合进行到图 3-7c 所示位置（即前一对轮齿刚要退出啮合）时，密封容积最大，如此产生了密封容积周期性的减小和增大。密封容积减小时，受困油液受到挤压而产生瞬间高压，油液将从零件接合面的缝隙中被强行挤出，导致油液发热，齿轮和轴承等零件也会受到很大的径向力；密封容积增大时，又会造成局部真空，使溶于油液中的气体分离出来，产生气穴，这就是齿轮泵的困油现象。

消除困油现象的方法通常是在端盖上开卸荷槽，如图 3-7 中双点画线方框所示，左边卸荷槽和吸油腔相通，右边卸荷槽和压油腔相通。当封闭容积减小时（图 3-7a

51

到图 3-7b），通过右边的卸荷槽消除困油现象，而当封闭容积增大时（图 3-7b 到图 3-7c），通过左边的卸荷槽消除困油现象，两卸荷槽的间距必须确保在任何时候都不使吸、压油腔相通。某种齿轮泵的卸荷槽如图 3-7d 所示。一般齿轮泵两卸荷槽是非对称开设的，往往向吸油腔偏移。

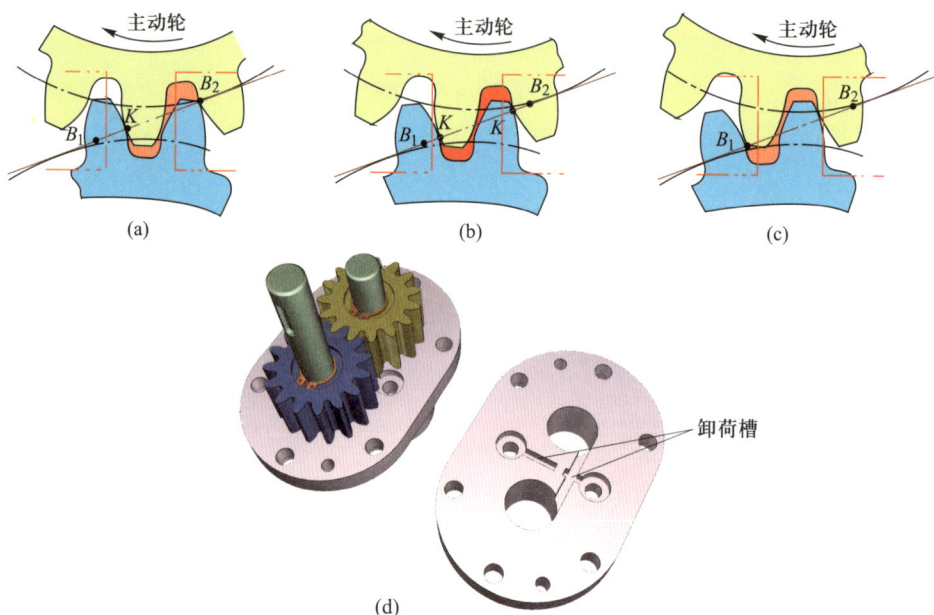

(a)　　　　　　　(b)　　　　　　　(c)

(d)

图 3-7　齿轮泵的困油现象

（2）径向力不平衡

齿轮泵工作时，作用在齿轮外圆上的压力是不相等的。如图 3-8 所示，在压油腔和吸油腔处齿轮外圆和齿廓表面承受着压油腔压力和吸油腔压力，在齿轮和泵体内孔的径向间隙中，可以认为压力由压油腔压力逐渐分级下降到吸油腔压力。这些液体压力综合作用的结果，相当于给齿轮一个径向的作用力（即不平衡力）使齿轮和轴承受载。泵的工作压力越高，这个不平衡力就越大。径向不平衡力过大时，除了会降低轴承的寿命外，还会使轴弯曲，出现齿顶刮泵体内孔（俗称扫膛）现象。为了减小径向不平衡力的影响，有的泵上采取了缩小压油口的办法，使压油腔的液压油仅作用在一个轮齿到两个轮齿的范围内，如图 3-8 所示。

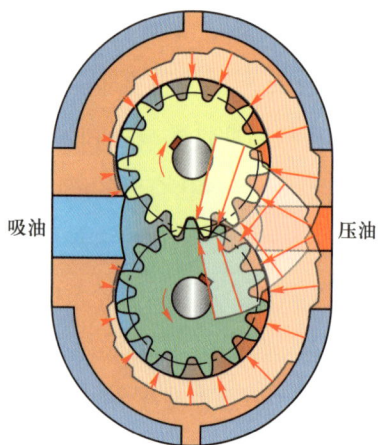

图 3-8　齿轮泵径向力的分布

（3）泄漏问题

外啮合齿轮泵泄漏途径主要有三种，一是通过齿轮两端面和端盖间的轴向间隙泄漏；二是通过泵体内孔和齿轮齿顶间的径向间隙泄漏；三是通过两个齿轮的齿面啮合间隙泄漏。由于轴向间隙的泄漏面积大，泄漏途径短，其对泄漏量的影响最大，一般占总泄漏量的 75%～80%。轴向间隙越大，泄漏量越大，会导致容积效率过低；但若间隙过小，齿轮端面与齿轮泵端盖间的机械摩擦损失会增大，会导致齿轮泵的机械效率降低。在中高压齿轮泵中，为了减小轴向间隙泄漏会采用轴向间隙自动补偿装置。

二、内啮合齿轮泵

内啮合齿轮泵由一外齿轮和一内齿轮组成，其中外齿轮为主动轮，内齿轮为从动轮，在工作时内齿轮随外齿轮同向旋转。内啮合齿轮泵有渐开线齿形和摆线齿形两种，其结构示意如图 3-9 所示，工作原理和主要特点与外啮合齿轮泵相同。图 3-9a 所示为渐开线齿形内啮合齿轮泵，外齿轮和内齿轮之间需装一块月牙隔板，以便把吸油区域和压油区域隔开；图 3-9b 所示为摆线齿形内啮合齿轮泵，又称摆线转子泵，在这种泵中，外齿轮和内齿轮相差一齿，因而不需设置隔板。

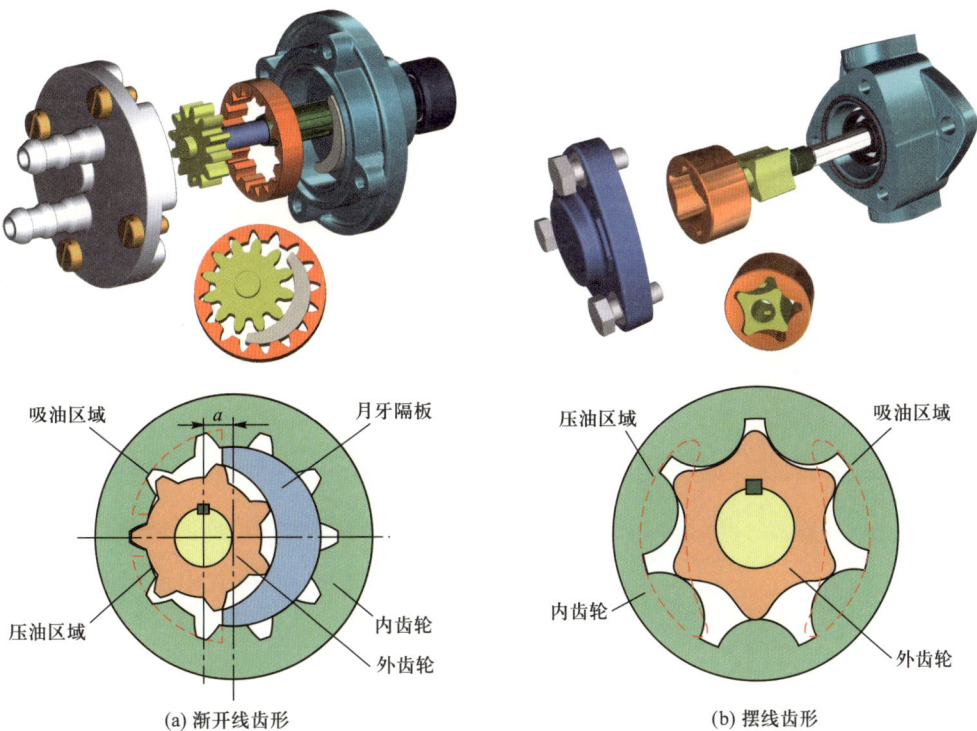

图 3-9　内啮合齿轮泵

内啮合齿轮泵齿形加工制造成本较高，但结构紧凑、运转平稳、噪声低，故近来越来越受青睐。

任务三

叶片泵

叶片泵主要用于对速度平衡性要求较高的中低压系统。叶片泵按转子旋转一周完成吸油、排油的次数，分为双作用和单作用两种形式。

一、双作用叶片泵

1. 双作用叶片泵的工作原理

双作用叶片泵的工作原理如图 3-10 所示，该泵主要由定子 3、转子 4、叶片 5 及装在它们两侧的配流盘 1 等组成。定子内表面形似椭圆，由两段半径为 R 的大圆弧、两段半径为 r 的小圆弧和 4 段过渡曲线组成。定子和转子的中心重合。在转子上沿圆周均布的若干个槽内分别安装有叶片，这些叶片可沿槽做径向滑动。在配流盘上，对应于定子 4 段过渡曲线的位置开有 4 个腰形配流窗口，其中两个窗口与泵的吸油口连通，为吸油窗口；另两个窗口与压油口连通，为压油窗口。当转子由轴带动按图示方向旋转时，叶片在自身离心力和由压油腔引至叶片根部的高压油作用下贴紧定子内表面，起密封作用，并在转子槽内往复滑动。这样，在转子、定子、叶片和配流盘之间就形成了若干个密封的工作容积。当叶片由定子小半径 r 处向定子大半径 R 处运动时，相邻两叶片间的密封容腔逐渐增大，形成局部真空，通过窗口 a 吸油；当叶片由定子大半径 R 处向定子小半径 r 处运动时，相邻两叶片间的密封容腔逐渐减小，通过窗口 b 压油。转子每转一周，每一叶片往复滑动

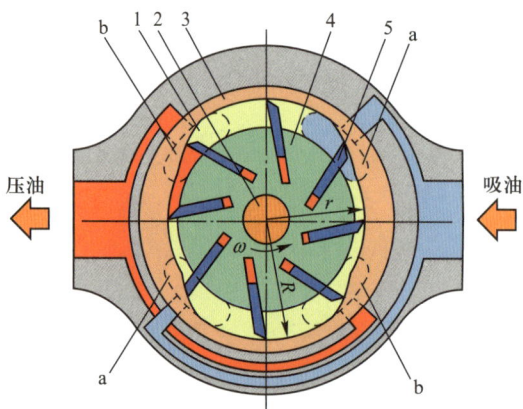

微课
双作用叶片泵的工作原理

1—配流盘；2—轴；3—定子；4—转子；5—叶片

图 3-10　双作用叶片泵的工作原理

两次，因此吸、压油作用发生两次，故这种泵称为双作用叶片泵。

2. YB1 型双作用叶片泵的结构

YB1 型双作用叶片泵的结构如图 3-11 所示，其主要由左泵体 1、左配流盘 2、转子 4、叶片 6、定子 7、右配流盘 8、右泵体 9 等组成。为了便于装配和使用，两个配流盘与定子、转子和叶片可组装成一个部件。两个组件连接螺钉 5 为部件的紧固螺钉。转子 4 上开有 12 条狭槽（叶片槽），叶片 6 安装在槽内，并可在槽内自由滑动；叶片槽的底部开有小孔，和压油槽相通。转子通过内花键与驱动轴相配合，主动轴由两个轴承 3 和 12 支承，以使其工作可靠。密封圈 13 安装在密封盖板 11 上，用来防止油液泄漏和空气渗入。

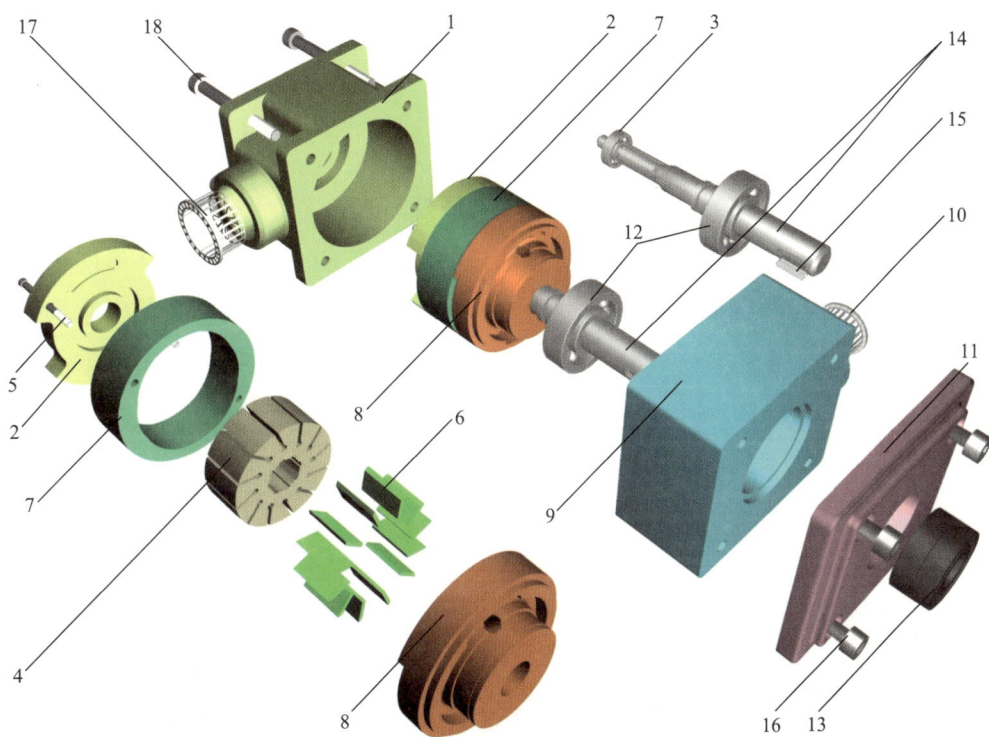

1—左泵体；2—左配流盘；3、12—轴承；4—转子；5—组件连接螺钉；6—叶片；7—定子；8—右配流盘；9—右泵体；10—压油口滤网；11—密封盖板；13—密封圈；14—驱动轴；15—键；16—盖板连接螺钉；17—吸油滤网；18—泵体连接螺钉

图 3-11 YB1 型双作用叶片泵的结构图

YB1 型双作用叶片泵的结构特点：

1）左配流盘的结构如图 3-12 所示，两个凹口 a 为吸油槽，两个腰形孔 b 为压油

槽。吸油槽为通孔结构，以便和吸油孔连通，压油槽为盲孔结构。在压油槽腰形孔 b 的端部开有三角槽 d，其作用是使叶片间的密封容积逐步与高压腔相通，不致产生液压冲击。在配流盘中部对应于叶片根部的位置，开有一环形槽 c。

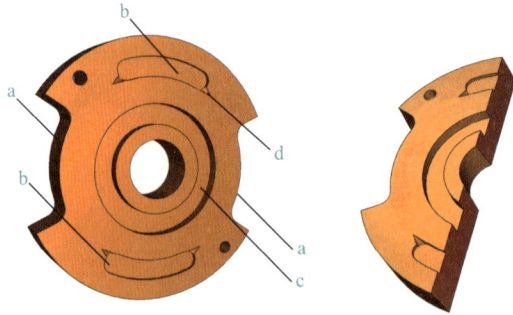

图 3-12　左配流盘的结构图

2）右配流盘的结构如图 3-13 所示，两个凹口 a 为吸油槽，两个腰形孔 b 为压油槽。压油槽为通孔结构，以便和压油孔连通，吸油槽为盲孔结构。同样，在压油槽 b 的端部开有三角槽 d，在配流盘中部对应于叶片根部的位置，开有一环形槽 c，在环形槽内开有两个小孔 e，它的作用是将压油口的液压油通过通道 f 引入环形槽 c，该环形槽通过叶片根部的小孔与左配流盘的环形槽相通，并将压油口液压油引到叶片根部，如图 3-14 所示，以保证叶片顶部和定子内表面间的可靠密封。在两个吸油槽 a 的中根部分别开有和轴孔连通的小孔 g，这两个小孔通过轴孔连通，使得两个吸油槽连通。

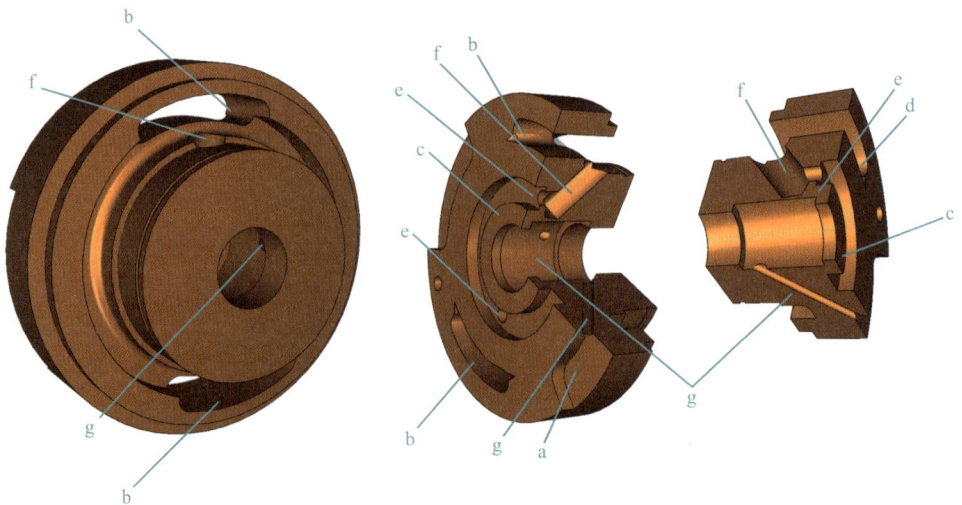

图 3-13　右配流盘的结构图

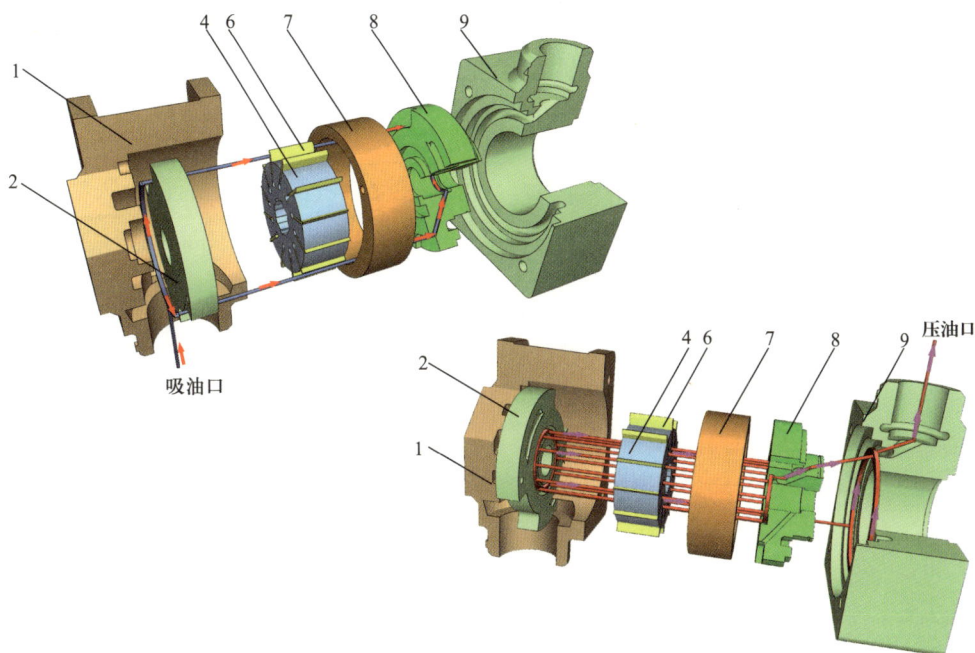

图 3-14 吸油油路与压油油路

右配流盘 8 采用突缘式结构，小直径部分伸入右泵体 9 内，并合理布置了密封圈的位置，这样在配流盘右侧受到油液压力作用时，能贴紧定子，靠自己的变形对转子、叶片与配流盘间的间隙有微小的补偿作用，以保证泵有较高的容积效率。

3）为了减小叶片对转子槽侧面的压紧力和磨损，将叶片相对转子旋转方向向前倾斜一个角度 θ，通常取 $\theta=13°$。

3. 双作用叶片泵的工作特点

1）只能作定量泵：双作用叶片泵的转子和定子同心，叶片每伸缩一次，相邻叶片间油液的排出量等于大圆半径圆弧段的容积与小圆半径圆弧段的容积之差，泵加工完成后，这个容积差固定不变，故双作用叶片泵只能作定量泵使用。

2）径向油液压力相互平衡：双作用叶片泵的两个吸油腔和两个压油腔均为对称布置，故作用在转子上的油液压力相互平衡，轴和轴承的寿命较长，因此双作用叶片泵又称为卸荷式叶片泵、平衡式叶片泵。为了使径向力完全平衡，密封空间数（即叶片数）应为双数。

二、单作用叶片泵

图 3-15 所示为单作用叶片泵的工作原理，其主要由配流盘 1、传动轴 2、转子 3、

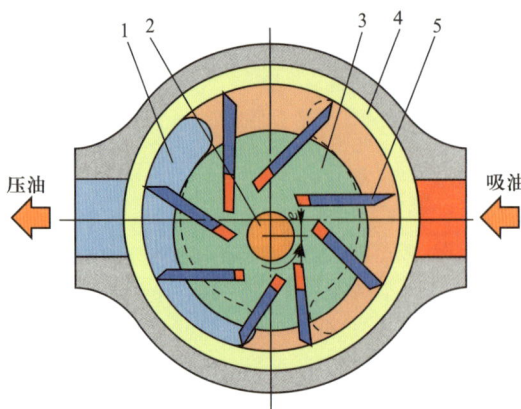

1—配流盘；2—传动轴；3—转子；4—定子；5—叶片

图 3-15　单作用叶片泵的工作原理

定子 4、叶片 5 等组成。与双作用叶片泵相似，当单作用叶片泵的转子转动时，转子 3、定子 4、叶片 5 和配流盘 1 间的密封容积发生变化而进行吸油、压油。与双作用叶片泵不同的是：① 单作用叶片泵的定子内表面是圆柱面；② 转子中心和定子中心之间存在着偏心距 e；③ 转子转一周的过程中，吸油、压油各一次，故称单作用叶片泵；④ 在吸油腔叶片底部通低压油，在压油腔叶片底部通高压油，因此叶片的顶部和底部油液压力始终平衡，叶片只能靠离心力紧贴在定子内表面，为了使叶片易于甩出叶片槽，叶片的倾斜方向常做成与转动方向相反的后倾；⑤ 作用在转子上的油液压力不平衡，轴承承载较大，使叶片泵工作压力的提高受到限制，所以，单作用叶片泵又称为非卸荷式叶片泵。

由于单作用叶片泵的转子中心和定子中心之间保持偏心距 e，而叶片泵的排量与偏心距 e 相关，故采用某种机构调节该偏心距的大小，便可从零到某一最大值之间连续或有级地改变其排量。如果改变偏心距 e 的方向，也可在叶片泵转向不变的情况下，使其吸油腔、压油腔互换，实现反向供油，所以单作用叶片泵经常制成变量泵。

三、限压式变量叶片泵

1. YBX 型限压式变量叶片泵的工作原理

图 3-16 所示为 YBX 型限压式变量叶片泵的工作原理。转子 3 的中心 O_1 是固定的，定子 2 可以左右移动，在限压弹簧 1 的作用下，定子 2 被推向右端，靠紧在反馈控制活塞 5 的左端面上，使转子中心 O_1 和定子中心 O_2 之间有一原始偏心距 e_0，其大小可用流量调节螺钉 7 调节，它决定了泵的最大流量。压力调节螺钉 6 调节限压弹簧 1 作用在定子 2 左侧的预紧力 kx_0（k 为弹簧刚度，x_0 为弹簧的预压缩量）。泵出口工作压力 p，经泵体内的通道作用于反馈控制活塞 5 的右端面，使反馈控制活塞 5 对定子 2 产生一反馈力 pA（A 为活塞有效工作面积）。当反馈力 pA 和限压弹簧 1 的预紧力 kx_0 相等时，即 $pA=kx_0$，$p=kx_0/A$，称此时的工作压力 p 为限定压力，用 p_B 表示，其工作过程如下：

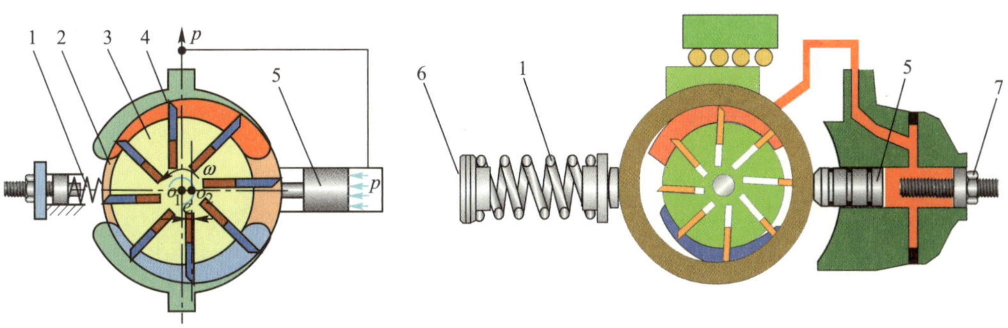

1—限压弹簧；2—定子；3—转子；4—叶片；5—反馈控制活塞；6—压力调节螺钉；7—流量调节螺钉

图 3-16 YBX 型限压式变量叶片泵的工作原理

动画
YBX 型限压式变量叶片泵的工作原理

AR
YBX 型限压式变量叶片泵

当泵的工作压力 p 小于等于限定压力 p_B 时（$pA \leqslant kx_0$），定子不动，限压弹簧的预压缩量不变，最大偏心距 e_0 保持不变，泵输出流量为最大。

当泵的工作压力 p 升高，大于限定压力 p_B 时（$pA > kx_0$），定子左移，限压弹簧被压缩，偏心距减小，泵输出流量也减小。泵的工作压力越高，定子向左的位移量越大，偏心距越小，泵输出流量也越小。理论上当工作压力达到某一极限值 p_C（截止压力）时，偏心距减小为零，泵理论输出流量为零。因此，这种泵被称为限压式变量叶片泵。实际上由于泵的泄露存在，在偏心距尚未达到零时，泵实际向系统输出的流量已为零。

2. 限压式变量叶片泵的流量与压力特性

如图 3-17 所示，图中 AB 段表示工作压力小于等于限定压力 p_B 时，流量最大且基本保持不变。B 点为拐点，表示泵输出最大流量时可达到的最高工作压力，其大小可通过调节压力调节螺钉 6，改变限压弹簧 1 的预压缩量来调节。图中 BC 段表示工作压力超过限定压力后，输出流量开始变化，即流量随压力升高而自动减小，直到 C 点。C 点的输出流量为零，压力为截止压力 p_C。

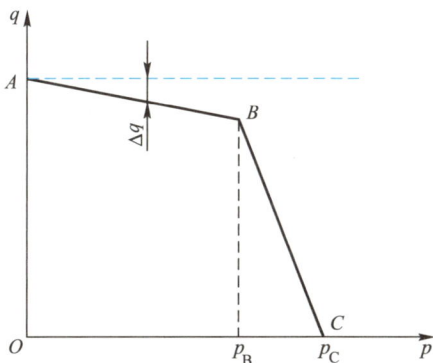

图 3-17 限压式变量叶片泵的特性曲线

任务四

柱塞泵

柱塞泵在需要高压、大流量、大功率的系统中和排量需要调节的场合，得到广泛的应用。

根据柱塞的排列形式不同，柱塞泵可分为轴向柱塞泵和径向柱塞泵两大类。

一、轴向柱塞泵

轴向柱塞泵是将多个柱塞轴向配置在一个共同缸体的圆周上，并使柱塞中心线和缸体中心线平行的一种泵。轴向柱塞泵有斜盘式（直轴式）和斜轴式（摆缸式）两种形式。这里主要介绍斜盘式轴向柱塞泵。

1. 斜盘式轴向柱塞泵的工作原理

斜盘式轴向柱塞泵的工作原理如图 3-18 所示。它主要由斜盘 1、柱塞 2、缸体 3、弹簧 4、配流盘 5、传动轴 6 等组成。泵传动轴中心线与缸体中心线重合，斜盘法线与缸体轴线间有一夹角，称为斜盘倾角 γ，配流盘 5 上有两个腰形窗口分别与泵的进、出油口相通。斜盘 1 和配流盘 5 固定不动，在弹簧 4 的作用下，柱塞头部始终紧贴斜盘，缸体由传动轴 6 带动旋转。当缸体旋转时，由于斜盘和弹簧的共同作用，柱塞产生往复运动，各柱塞与缸体孔间的密封容积便周期性地增大缩小，通过配流盘上的吸

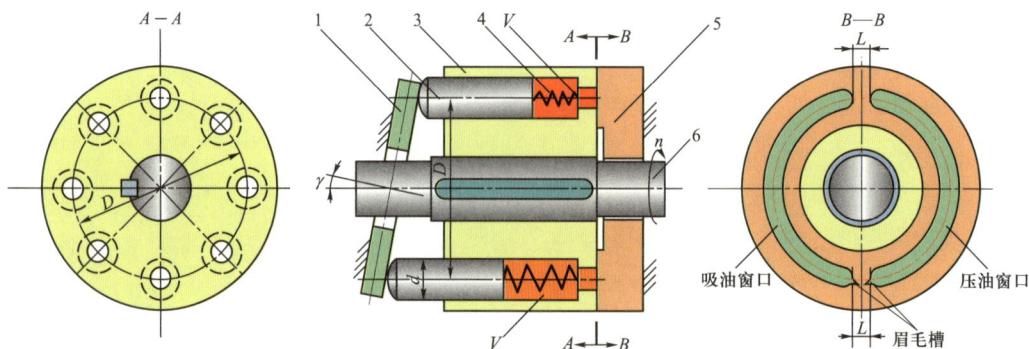

1—斜盘；2—柱塞；3—缸体；4—弹簧；5—配流盘；6—传动轴

图 3-18　斜盘式轴向柱塞泵的工作原理

油和压油窗口实现吸油和压油。缸体每转一周，每个柱塞完成吸油、压油各一次。

配流盘上吸油、压油窗口之间的过渡区的长度 L 应稍大于柱塞孔底部腰形通油孔的长度，但不能相差太大，否则会发生困油现象。一般在两配油窗口的两端部开有眉毛槽，以减少液压冲击和噪声。

AR
斜盘式轴
向柱塞泵

2. 斜盘式轴向柱塞泵的结构特点

图 3-19 所示为 CY 型轴向柱塞泵的结构，其是一种斜盘式轴向柱塞泵。其柱塞 4 的球状头部装在滑履 3 内，以缸体 5 为支撑的中心弹簧 11 通过钢球 14 推压回程盘 15，回程盘 15 和柱塞滑履 3 一同转动。在压油时借助斜盘 20 推动柱塞 4 做轴向运动；在吸油时依靠回程盘 15、钢球 14 和中心弹簧 11 组成的回程装置将滑履 3 紧紧压在斜

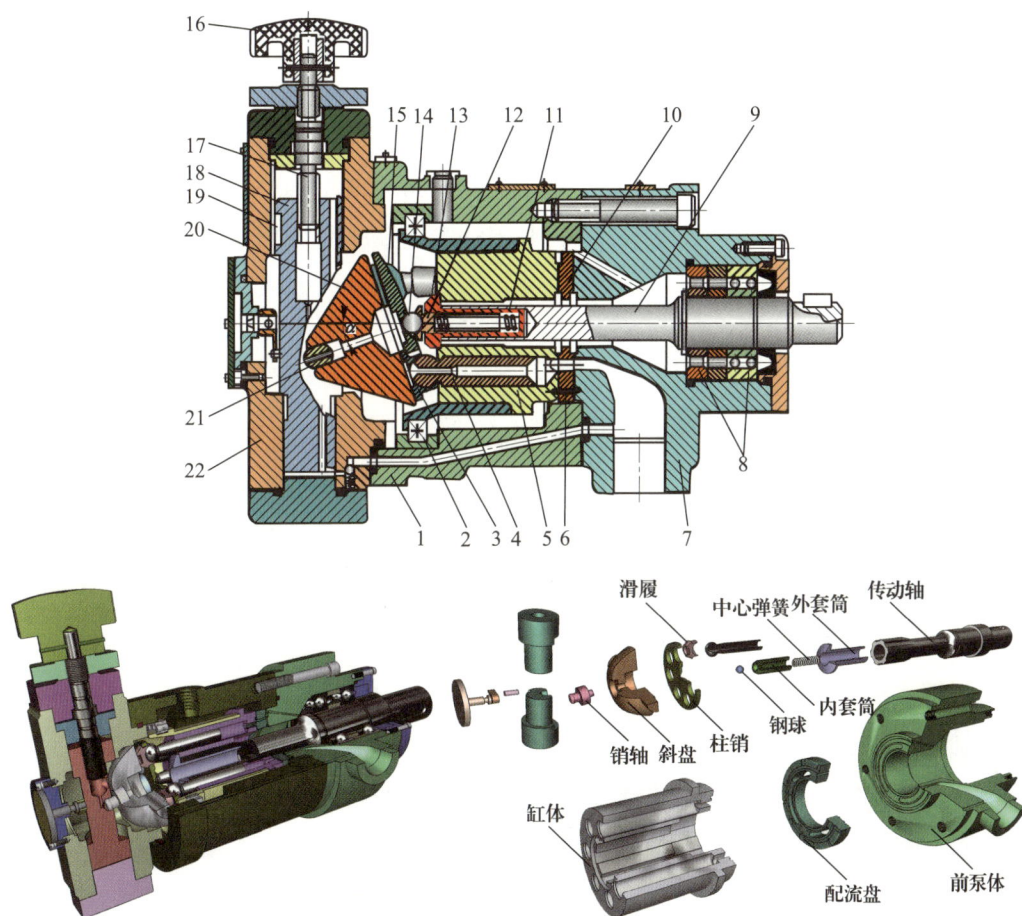

1—中间泵体；2—缸外大轴承；3—滑履；4—柱塞；5—缸体；6—定位销；7—前泵体；8—轴承；9—传动轴；
10—配流盘；11—中心弹簧；12—内套筒；13—外套筒；14—钢球；15—回程盘；16—调节手轮；
17—调节螺杆；18—变量活塞；19—导向键；20—斜盘；21—销轴；22—后泵盖

图 3-19　CY 型轴向柱塞泵的结构

盘 20 表面上滑动，中心弹簧 11 一般称为回程弹簧，这样的泵具有自吸能力。在滑履 3 与斜盘 20 相接触的部分有一油室，它通过柱塞中间的小孔与缸体中的工作腔相连，液压油进入油室后在滑履 3 与斜盘 20 的接触面间形成了一层油膜，起着静压支承的作用，使滑履 3 与斜盘 20 间的摩擦力大大减小，因而磨损也减小。传动轴 9 通过左边的花键带动缸体 5 旋转，由于滑履 3 贴紧在斜盘 20 表面，柱塞 4 在随缸体 5 旋转的同时在缸体中做往复运动。缸体中柱塞底部的密封容积是通过配流盘 10 与泵的进出口相通的。随着传动轴的转动，液压泵会连续地吸油和压油。

柱塞泵的排量与柱塞的往复行程有关，斜盘与缸体间保持倾角 γ，故排量与倾角 γ 有关。当斜盘倾角 γ 不可调节时即为定量泵；当斜盘倾角 γ 可调节时，改变斜盘倾角 γ 的大小，就能改变柱塞的行程，也就改变了泵的排量。改变斜盘倾角的方向，就能改变吸油、压油方向，这时柱塞泵就成为双向变量轴向柱塞泵。如图 3-19 所示，转动调节手轮 16，使调节螺杆 17 转动，带动变量活塞 18 做轴向移动（因导向键的作用，变量活塞只能做轴向移动，不能转动）。通过销轴 21 使斜盘 20 绕变量机构壳体上的圆弧导轨面的中心（即钢球中心）旋转，改变斜盘倾角 γ 的大小，从而达到变量的目的。这种变量机构结构简单，但操纵不轻便，且不能在工作过程中变量。

二、径向柱塞泵

径向柱塞泵的工作原理如图 3-20 所示。它主要由柱塞 1、转子（缸体）2、衬套 3、定子 4、配流轴 5 等组成。柱塞径向均匀布置在转子中。转子和定子之间有一个偏心距 e。配流轴固定不动，上部和下部各做成一个缺口，即图示 b 腔和 c 腔，此两缺口又分别通过所在部位的两个轴向孔 a 和 d 与泵的吸油、压油口连通。配流轴外的衬套与转子内孔采用过盈配合，随转子一起转动。

当转子按图示方向顺时针转动时，上半周的柱塞在离心力作用下外伸，经过衬套上的油孔通过配流轴吸油；下半周的柱塞则受定子内表面的推压作用而缩回，通过配流轴压油。转子回转一周，每个柱塞根部的密封容积完成一次吸油、压油。移动定子改变偏心距的大小，便可改变柱塞的行程，从而改变排量。若改变偏心距的方向，则可改变吸油、压油的方向。因此，径向柱塞泵可以做成单向或双向变量泵。

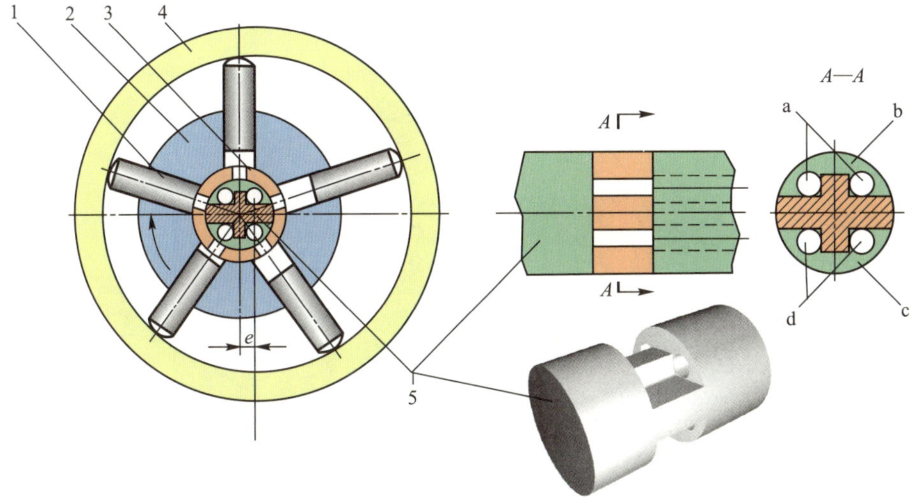

1—柱塞；2—转子（缸体）；3—衬套；4—定子；5—配流轴

图 3-20　径向柱塞泵的工作原理

微课
径向柱塞泵的工作原理

AR
径向柱塞泵

任务五

液压马达

从能量转换的观点来看，液压泵与液压马达是可逆工作的液压元件，向任何一种液压泵输入工作介质，都可使其变成液压马达工况；反之，当液压马达的主轴由外力矩驱动旋转时，也可变为液压泵工况。但是由于液压马达和液压泵的工作条件不同，对它们的性能要求也不一样，所以同类型的液压马达和液压泵在结构上存在着许多差别。因此，绝大部分的液压马达和液压泵虽然结构相似，但不能可逆工作。

液压马达按其结构类型可分为齿轮式、叶片式、柱塞式和其他型式，按额定转速可分为高速和低速两大类。

图 3-21 所示为叶片式液压马达的工作原理。当压力为 p 的油液从进油口进入后，叶片 1、3（5、7）上一面作用有高压油，一面作用有低压油。由于叶片 3 伸出的面积大于叶片 1 伸出的面积，因此油液作用于叶片 3 上的作用力大于作用于叶片 1 上的作用力，于是作用力差使叶片带动转子产生逆时针的转矩。同理，作用于叶片 5、7 上的油液压力，对转子也产生逆时针的转矩。叶片 2、6 两面同时受高压油作用，叶片 4、8 两面同时受低压油作用，故受力平衡对转子不产生作用转矩。这样液压马达就把油液的压力能转变成了机械能，这就是叶片式液压马达的工作原理。

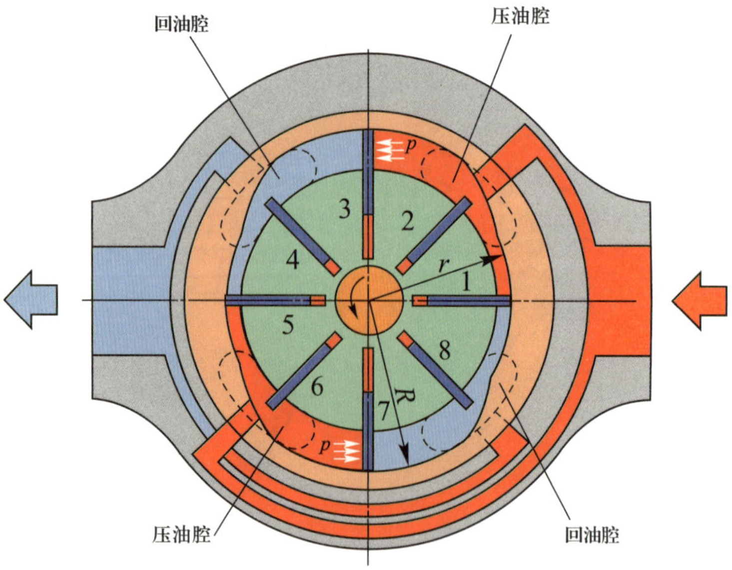

图 3-21 叶片式液压马达的工作原理

标注：回油腔、压油腔、压油腔、回油腔

左侧微课：叶片式液压马达的工作原理

当进油方向改变时，叶片式液压马达将反转。定子的长短径差值越大，转子的直径越大，以及进出口的压差越高时，叶片式液压马达输出的转矩也就越大。

由于液压马达一般都要求能正、反转，所以叶片式液压马达的叶片要径向放置。为了使叶片根部始终通有液压油，在回、压油腔通入叶片根部的通路上应设置单向阀。为了确保叶片式液压马达在液压油通入后能正常启动，必须使叶片顶部和定子内表面紧密接触，以保证良好的密封性，因此，在叶片根部应设置顶紧弹簧。

叶片式液压马达体积小，转动惯量小，动作灵敏，适用于换向频率较高的场合。但其泄漏量较大，低速工作时不稳定，因此，叶片式液压马达一般用于转速高、转矩小和动作要求灵敏的场合。

知识链接

液压泵、液压马达行业情况简析

1952 年原上海机床厂试制出我国第一台液压元件（齿轮泵），从此，我国液压技术的发展大致经历了创业奠基、体系建立、成长发展、引进提高等几个阶段。

液压泵作为整个液压系统中技术难度较高的部分，一直是我国液压行业的重点推进领域之一。国内液压行业整体的技术进步也提升了液压泵的生产能力，我国液压泵产品产值年均复合增长率达到 8%～9%，但我国每年仍需从国外进口大量产品，国产液压泵仍不能满足快速增长的市场需求。

同时，液压系统的创新和发展，尤其是在机电一体化方面的发展主要集中于液压马达。

目前国内液压市场上，以博世、力士乐等为代表的国外知名液压企业具有强大的综合实力，其竞争优势和竞争地位在短期内难以被撼动。但是，部分国内自主品牌企业通过长期的技术攻关，局部突破了国外知名液压企业在高端液压产品上的技术垄断，并推出一系列技术含量较高的液压产品，我国在高端液压元件方面与全球领先技术的差距缩短，进口替代空间进一步打开。相信在不久的将来，我国的液压产业会有长足的进步。

习 题

3-1 液压泵要完成吸油和压油，必须具备的条件是什么？

3-2 液压泵的实际流量与压力有无关系？流量和排量有什么不同？

3-3 液压泵铭牌上注明的额定压力的意义是什么？和泵的实际工作压力有什么区别？

3-4 已知液压泵的输出压力 p=10 MPa，泵的排量 V=10 mL/r，泵的转速 n=1 450 r/min，容积效率 η_V=0.9，机械效率 η_m=0.9，试求：

（1）泵的输出功率 P_o；

（2）驱动泵的输入功率 P_i。

3-5 某液压泵在转速 n=950 r/min 时，理论流量 q_t=160 L/min。在同样的转速和压力 p=29.5 MPa 时，测得泵的实际流量 q=150 L/min，总效率 η=0.87，求：

（1）泵的容积效率；

（2）泵在上述工况下所需的输入功率；

（3）泵在上述工况下的机械效率；

（4）驱动泵的转矩。

3-6 某液压泵当负载压力为 8 MPa 时，输出流量为 96 L/min，而当负载压力为 10 MPa 时，输出流量为 94 L/min。用此泵带动一排量为 80 cm³/r 的液压马达，当负载转矩为 120 N·m 时，液压马达的机械效率为 0.94，其转速为 1 100 r/min，试求此时液压马达的容积效率。

3-7 题 3-7 图所示为压水井工作原理，请大家分析吸水、压水的工作过程。若压水井使用时间较长，有时会出现压不出水的情况，试分析为什么会出现此现象，如何解决？

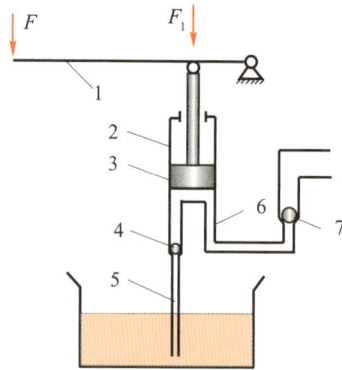

1—操纵杆；2—泵体；3—活塞；4、7—单向阀；5、6—管道

题 3-7 图

3-8　题 3-8 图所示为限压式变量泵的工作原理，根据工作需要，应如何调节限压式变量泵的限定压力和最大流量？

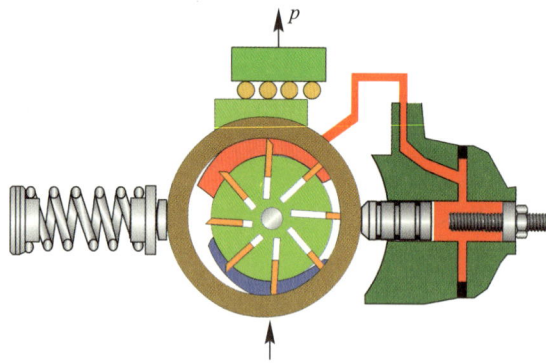

题 3-8 图

液压辅助装置

项目引入

机场配餐车是一种液压传动、剪式升降的车载式设备,用于飞机食品装卸服务。其盛放油液的油箱、输送油液并连接泵和液压缸的管路均为辅助元件。在液压系统中,辅助元件还有哪些,它们在系统中分别起什么作用,使用时需要注意哪些事项,本项目中将一一介绍。

学习目标

1. 掌握各种辅助元件的主要功用。
2. 能够正确识读各辅助元件的图形符号。
3. 能够正确使用和维护液压辅助元件。

液压系统中的辅助元件，是指除动力元件、执行元件、控制元件和工作介质以外的其他各种元件，如蓄能器、过滤器、压力表、密封件、热交换器、油箱、管路和管接头等，它们是液压系统中必不可少的组成部分。辅助元件在液压系统中数量多、分布广，对液压元件和系统的工作状况、工作效率、使用寿命等影响极大，必须予以高度重视。除油箱需根据系统自行设计以外，其他辅助元件均已实现标准化和系列化，在设计、制造和使用液压设备时，应注意合理选用。

任务一

油箱

油箱的主要功用是储油、散热（在周围环境温度较低的情况下则是保持油液中的热量）、沉淀油液中的杂质及分离油液中的空气，兼作电动机—泵装置、辅助元件和阀块的安装板等。

油箱通常分为开式和闭式两种。开式油箱应用广泛，油箱内液面与大气相通，如图 4-1a 所示即为开式油箱结构图，图 4-1b 所示为该油箱的图形符号。

油箱主要应具有以下结构特点：

1）油箱必须有足够大的容量，以保证系统工作时能够保持一定的液位高度，从而为满足散热要求；对于管路比较长的系统，还应考虑停车时能容纳油液自由流回油箱时的容量；根据不同的用途确定油箱容量，通常为液压泵流量的 3～5 倍。在油箱容积不能增大而又不能满足散热要求时，需要设冷却装置。

2）吸、回和泄油管的设置：系统中吸油管和回油管的管口应相距尽量远些，且都应在最低油面之下，以免发生吸空和回油冲溅产生气泡；管端应切成 45° 切口，以增大吸油及回油的截面，使油液流动时速度变化不致过大；管口面向箱壁，管端与壁面间距离均不宜小于管径的 3 倍；吸油管与箱底距离不宜小于管径的两倍，回油管与箱底距离不宜小于管径的 3 倍。

3）用隔板将吸油侧与回油侧分开，以增加油箱内油液的循环距离，有利于油液冷却和释放油液中的气泡，并使杂质多沉淀在回油管侧，隔板高度为箱内最低油面高度的 3/4。

4）设置过滤器：吸油管入口处要装粗过滤器，过滤器距箱底不应小于 20 cm。

5）为防止脏物混入油箱，油箱上各盖板、管口处都要妥善密封。开式油箱上部的通气孔上必须配置空气过滤器，兼作注油口。从油桶中将油液注入油箱前必须经过过滤器过滤。

6）油箱底脚高度应在 150 mm 以上，以便散热、搬移和放油。油箱底部应适当倾斜，并在最低处设置放油口，以利于排净存油。箱体上在注油口附近要设有油位计，用于监测油面高度，其窗口尺寸应能满足对最高与最低液位的观察。

7）油温控制：油箱正常工作温度应控制在 15～65 ℃，必要时应安装温控器和热交换器。

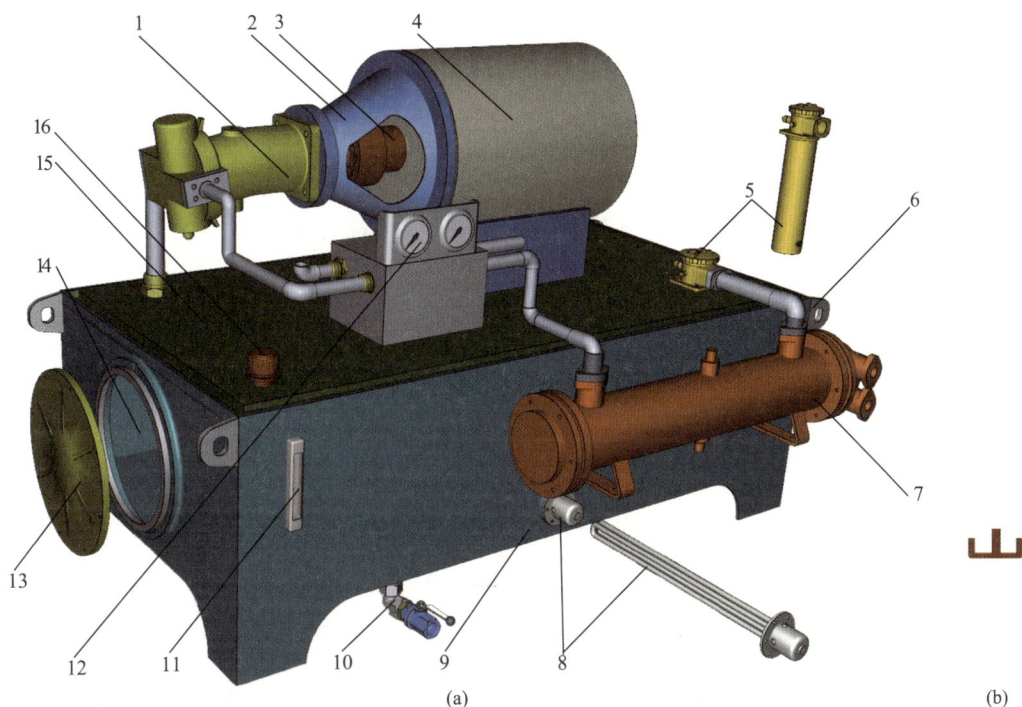

1—液压泵；2—钟形罩；3—联轴器；4—电动机；5—回油过滤器；6—吊耳；7—冷却器；8—加热器；9—箱体；10—放油口；11—油位计；12—压力表；13—入孔盖；14—入孔；15—箱盖；16—空气过滤器

图 4-1　开式油箱结构图及其图形符号

任务二

蓄能器

蓄能器是液压系统中的储能元件，它可储存多余的液压油，并在需要时释放出来供给系统。在液压系统中有下列用途：辅助动力源、应急动力源、系统保压、吸收液压冲击和脉动。

一、蓄能器的类型及结构

蓄能器有重力式、弹簧式和充气式三类，常用的是充气式。充气式蓄能器又可分为活塞式、气囊式和隔膜式三种。在此主要介绍气囊式蓄能器。

图 4-2a 所示为气囊式蓄能器结构图，它由充气阀 1、壳体 2、气囊 3 等组成，利用气体的压缩和膨胀来储存和释放压力能。其工作压力为 3.5～35 MPa，容量范围为 0.6～200 L，温度适用范围为 -10～65 ℃。工作前，从充气阀向气囊内充入具有一定压力的气体，然后将充气阀关闭，使气体封闭在气囊内。要储存的油液从壳体底部菌形阀处引到气囊外腔，油液压力低于 p_0 时，油液进入不了蓄能器，此时蓄能器不起作用；油液压力高于 p_0 时，油液进入蓄能器，气囊里的气体被压缩，压力上升，油液压力也需相应上升，油液才能继续进入蓄能器；当油液压力停止上升，油液将不再进入蓄能器。一旦油口的压力下降，气体将膨胀并把油液挤出蓄能器，油液被全部挤出蓄能器后，气体压力降回到 p_0。其优点是惯性小，反应灵敏，且结构小、重量轻，一次充气后能长时间地保存气体，充气也较方便，故在液压系统中得到广泛的应用。图 4-2b 所示为气囊式蓄能器的图形符号。

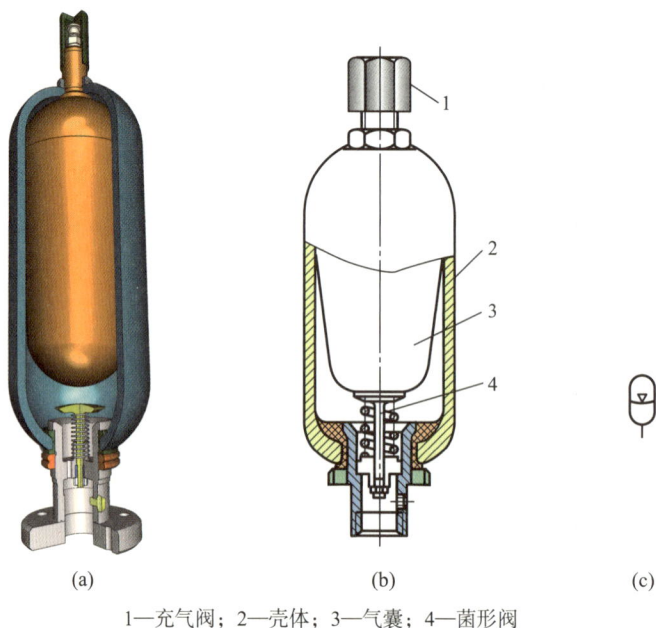

AR
气囊式蓄能器

(a)　　　　　　　　　(b)　　　　　　　　　(c)

1—充气阀；2—壳体；3—气囊；4—菌形阀

图 4-2　气囊式蓄能器结构图及其图形符号

二、蓄能器的安装及使用

1. 安装注意事项

1）对于使用单个蓄能器的中小型液压系统，可将蓄能器通过托架安装在紧靠脉动或冲击源处，或直接搭载安装在油箱箱顶或油箱侧壁上。对于使用多个蓄能器的大型液压系统，应设计安装蓄能器的专门支架，用以支撑蓄能器；同时，还应使用卡箍固定蓄能器。支架上相邻蓄能器的安装位置要留有足够的间距，以便于蓄能器及其附近元件（提升阀及密封件等）的安装和维护。

2）蓄能期间的管路连接应有良好的密封性。

3）蓄能器装置应安装在便于检查、维修的位置，并远离热源。

4）用于吸收冲击压力和脉动压力的蓄能器应尽可能安装在靠近振源处。

5）蓄能器与液压泵之间应安装单向阀，防止液压泵停止时蓄能器内液压油倒流。

6）蓄能器与管路之间应安装截止阀，供充气和检修时使用。

7）蓄能器的铭牌应置于醒目的位置。

2. 使用注意事项

1）不能在蓄能器上进行焊接、铆焊及机械加工。

2）要用专门的充气装置为蓄能器充装增压气体；蓄能器中使用的气体为氮气。

3）蓄能器是压力容器，搬运和拆装时应先排除内部的气体，并注意安全。

> **知识链接**
>
> #### 无知加大意必危险，防护加警惕保安全
>
> 2018 年 11 月 20 日，中国石油集团长城钻探工程有限公司远控房发生巨响，远控房上的天窗被撞开，经检查事故现场发现：充气压力为 4.9 MPa 的第 15 号蓄能器的瓶顶部连接体被炸飞到距离远控房 11.5 m 远的场地，在远控房四周发现崩出的尼龙密封圈（已损坏），在该瓶体下方发现变形的铁质压环。经事故分析，确定此次爆炸事故是由于机械师在更换胶囊过程中，支承环位置安装错误或未安装支承环所致。
>
> 蓄能器是液压系统中常用的压力容器，有些工作场合，蓄能器中的压力会高达十几兆帕。蓄能器在维修、保养、使用中，一定要遵照压力容器的规章制度执行，"一丝不苟，按章作业"是可靠的安全秘诀。
>
> 生活、工作中应时刻记住——无知加大意必危险，防护加警惕保安全！

过滤器

据统计资料显示，液压系统的故障约有 75% 以上是由于油液污染造成的。油液中的污染物会引起相对运动部件的表面划伤，磨损或卡死运动部件，堵塞节流小孔，导致液压系统不能正常工作，因此，保持液压油清洁是系统正常工作的必要条件。过滤器的功用在于滤除混在液压油中的杂质，使进入液压系统中的油液的污染度降低，保证系统可正常地工作。

一、过滤器材料及结构

平面型过滤网采用金属丝编织成具有均匀方目、细目小孔的网状结构（图 4-3a），当油液通过金属丝织网时，可以过滤掉所有大于其小孔尺寸的污染物，过滤原理如图 4-3b 所示。平面型过滤网堵塞时，可以取出清洗。

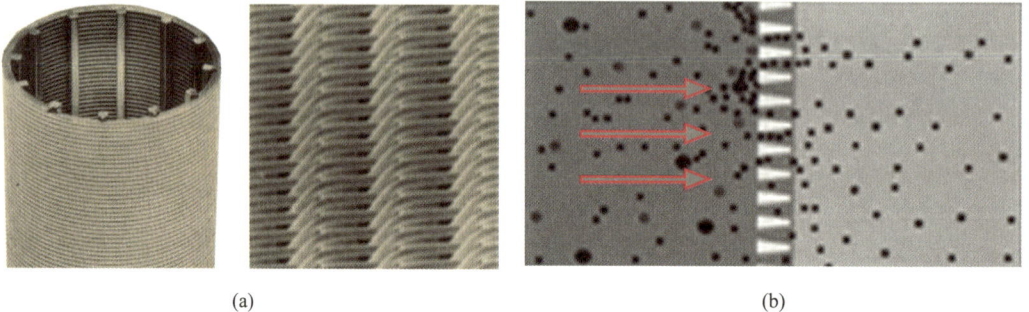

AR
网式过滤器

(a)　　　　　　　　　　　　　　　　(b)

图 4-3　平面型过滤网

深度型过滤材料采用金属纤维（聚酯纤维、玻璃纤维）或滤纸材料制成多孔可透性迷宫式构造（图 4-4a）。材料内部曲折迂回，油液流经有复杂缝隙的路程达到过滤的目的，其有较高分离能力，过滤精度高，过滤原理如图 4-4b 所示。深度型过滤材料堵塞时，只能更换。

现代过滤元件一般为滤芯，呈折叠形，如图 4-5 所示。过滤器的结构如图 4-6a 所示。进、出口设置在滤盖上，更换滤芯时，只需旋开壳体即可，不需要拆卸连接管道。过滤器图形符号如图 4-6b 所示。

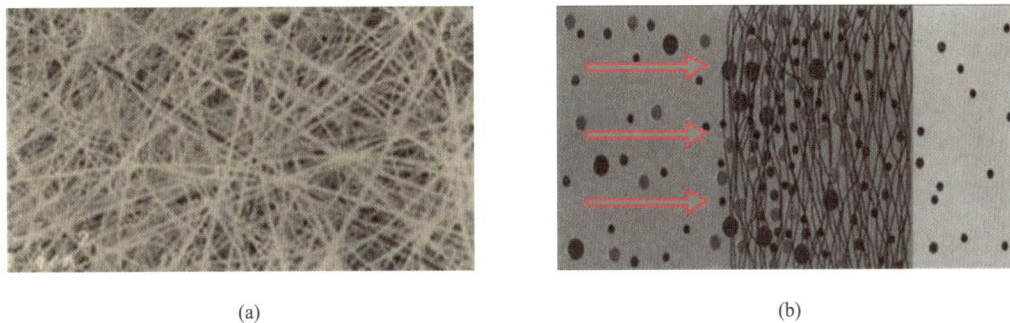

(a)　　　　　　　　　　(b)

图 4-4　深度型过滤材料

带小孔的支承管

筛网保护网
保护网
过滤网（纤维网）
安全网
支承网
带小孔的支承管

图 4-5　滤芯

(a)　　　　　　　　　　(b)

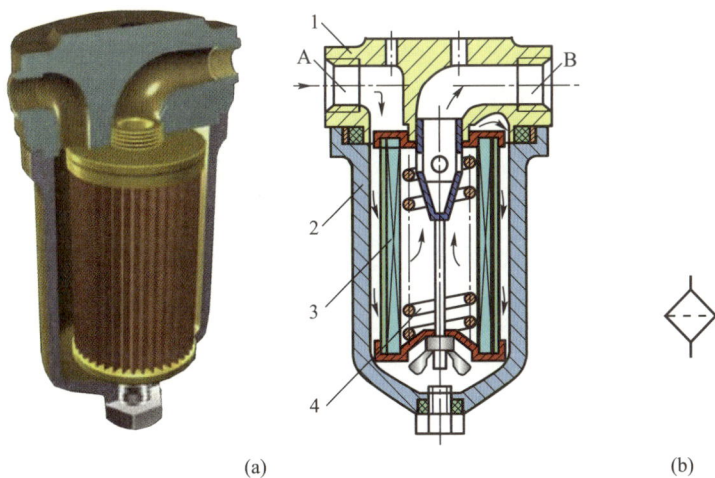

1—滤盖；2—壳体；3—滤芯；4—支撑弹簧；A—进口；B—出口

图 4-6　过滤器

二、过滤精度与过滤比

过滤精度是指过滤器滤芯的孔径，即包含杂质的溶液通过过滤网时，允许通过的最大颗粒的尺寸。

过滤比 β 是指过滤器上游油液单位体积内所含大于某一给定尺寸的颗粒数与经过滤器后下游油液单位体积内所含大于同一尺寸的颗粒数之比。例如：一种过滤材料的过滤比 β_3=100，意味着油液中大于 3μm 的颗粒，经过滤后残存不超过 1%，即 3μm 以上的颗粒在通过该滤芯时可以被阻挡约 99%。将 99% 以上的污染颗粒能被拦截定义为"能有效捕获"。

平面型过滤网还用目（每英寸长度上的孔数）来衡量。其中，铜丝织网最密只能达到 200 目，即孔径约 120μm。

深度型过滤材料中，由于油液通道是很不规则的，故用"能有效捕获的最小颗粒的尺寸"来定义过滤材料的过滤精度。

按过滤精度不同过滤器有粗过滤器（$d \geqslant 100$μm）、普通过滤器（10μm$\leqslant d \leqslant 100$μm）、精过滤器（$5$μm$\leqslant d \leqslant 10$μm）和特精过滤器（$1$μm$\leqslant d \leqslant 5$μm）四种。液压系统的过滤精度主要取决于系统的工作压力。系统压力越高，相对于运动表面的配合间隙越小，要求的过滤精度则越高。

三、通流能力与滤芯的保护

过滤器的通流能力是指在一定压差下允许通过过滤器的最大流量。液压油通过过滤器的压差，一部分是由过滤器中的通道产生的，另一部分是由滤芯产生的，这部分随着被阻挡的污染颗粒的增多而增加。两者都受油液黏度影响，黏度越高，压差越大。

随着被阻挡的污染颗粒越来越多，滤芯的通流能力也越来越差，表现为滤芯内、外的压差越来越大。而滤芯能承受的压差是有限的，一般为 1～2MPa。如果超过了承受能力，滤芯就会被压扁压溃，原先被阻挡下来的污染颗粒又全部进入油液，前功尽弃。因此，应设置一些保护措施：如图 4-7a 所示，如果过滤器前后的压差超过设定值，旁路阀开启，油液将不经过滤器直接通过；如图 4-7b 所示，可加装压差显示器，便于观测压差；如图 4-7c 所示，回路可发出压差报警电信号，从而使计算机可以根据此信号在控制台给出报警显示、蜂鸣声，甚至不准泵启动；如图 4-7d、e 所示，可将几种措施组合应用。

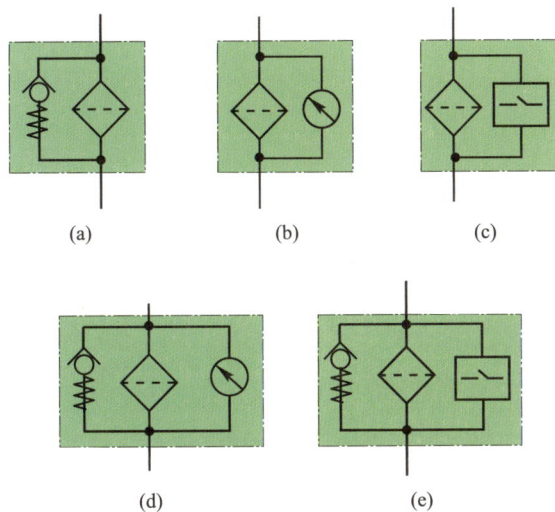

(a)　　　　　　　(b)　　　　　　　(c)

(d)　　　　　　　(e)

图 4-7　滤芯保护措施

四、过滤器的类型

为阻挡各种来源的污染，降低污染颗粒的浓度，可以在液压系统的不同位置安装过滤器，根据位置不同过滤器有不同的名称和要求，如图 4-8 所示。实际应用时，一般高过滤精度的滤芯较贵，也更容易堵塞，为了延长滤芯使用寿命，降低成本，可以采用粗精过滤器组合的形式，先粗过滤再精过滤。在有磁性污染颗粒的液压系统中，可在油箱内流速较低处插入可吸附铁屑的磁性棒过滤，磁性棒定期取出擦拭干净后可以再用。有时可使用不固定在某一液压设备上的过滤车过滤。

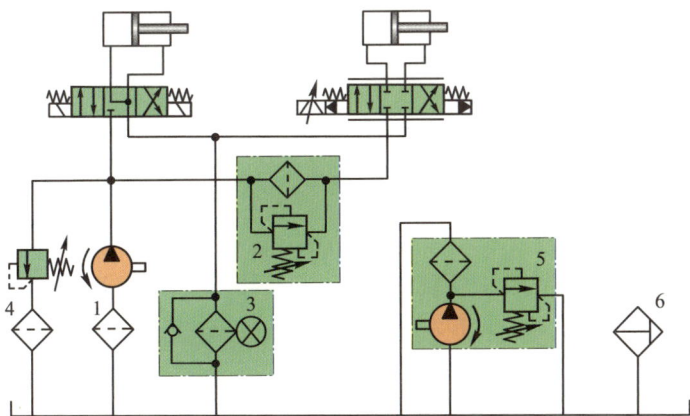

1—吸油过滤器；2—高压过滤器；3—回油过滤器；4、5—旁路过滤器；6—空气过滤器

图 4-8　过滤器在液压系统中的安装位置

管路和管接头

液压系统用管路传送工作介质，用管接头把管路、液压元件连接起来。管路和管接头统称为管件。管件应具有足够的强度，良好的密封性，并且要求压力损失小，装拆方便。管件的选用原则是要保证管中油液做层流流动，管路应尽量短，以减小损失；要根据工作压力、安装位置确定管材与连接结构；与泵、阀等连接的管件应由其接口尺寸决定管径。

一、管路

1. 管路的种类及用途

液压传动系统常用的管路分为金属管、橡胶软管两大类。各种管路的特点及适用场合见表 4-1。

表 4-1　各种管路的特点及适用场合

种类	材料	特点	适用场合
钢管	中压以上用无缝钢管，常用的有 10 号、15 号冷拔无缝钢管，低压用焊接钢管	能承受高压，耐油、抗腐、不易氧化，刚性好，价格低廉，但装配时不易弯曲成形	常在装拆方便处用作压力管路
铜管	纯铜管或黄铜管，纯铜管承压不超过 6.5～10 MPa，黄铜管承压可达 25 MPa	易弯曲成各种形状，但承压能力低、价格高、抗冲击和振动能力差、油液易氧化	多用于中低压系统，常配以扩口式管接头，可用于仪表和装配不方便处
橡胶软管	高压软管由耐油橡胶夹以 1～3 层钢丝编织网或钢丝缠绕层制成，低压软管是用麻线或棉纱编织体为骨架的橡胶管	安装连接方便，能减轻液压系统的冲击，但价格高、寿命低	多用于有相对运动的部件连接，高压软管用于压力管道，低压软管用于回油管道
塑料管	由塑料制成	耐油、价格低、装配方便，但易老化	用于压力低于 0.5 MPa 的管路或泄油管
尼龙管	由尼龙制成，乳白色透明管	价格低，加热后可随意弯曲、扩口，冷却后定形，安装方便，承压不超过 2.5～8 MPa	多用于低压管路

2. 管路装配注意事项

管路的装配质量直接影响液压系统的工作情况。若装配不符合规范，不仅会使压力损失增加，还可能引起系统振动、噪声。不合理的装配会给维护和检修带来困难。一般来说，管路装配应注意以下几点：

1）管道在安装前要进行清洗。一般先用 20% 硫酸和盐酸进行酸洗，然后用 10% 的苏打水中和，再用温水洗净，做两倍于工作压力的预压试验，确认合格后才能安装。

2）管路应尽量短、横平竖直、转弯少，并保证管路有必要的胀缩余地。为避免管路折皱，以减少压力损失，硬管装配时的弯曲半径应大于其直径的 3 倍。管路悬伸较长时，要适当设置管夹。

3）管路应尽量平行布置减少交叉。

4）软管直线安装时要有一定的长度余量，以适应软管因温度、压力变化或振动引起的胀缩及受拉和振动的需要，避免软管和管接头间受到拉伸力。

5）软管装配时或系统工作时均不允许扭曲。弯曲半径要大于软管外径的 9 倍，弯曲处到管接头的距离至少等于外径的 6 倍。

6）软管不能靠近热源，无法避开时应装设隔热板。

二、管接头

管接头是管路与管路、管路与液压元件之间的可拆卸连接件。管接头应具有装拆方便，连接牢固，密封可靠，外形尺寸小，流通能力大等特点，其性能的好坏直接影响液压系统的泄漏和压力损失程度。常用管接头的类型和结构特点见表 4-2。

表 4-2　常用管接头的类型和结构特点

名称	结构简图	特点和应用
扩口式管接头	 1—套管；2—接头螺母；3—接头体	管路穿入管套后扩成喇叭口（约 74°～90°），再用螺母把管套连同管路一起压紧在接头体的锥面上形成密封。扩口式管接头适用于铜、铝管或薄壁钢管，也可用来连接塑料管和尼龙管等低压管道，适合工作压力不大于 8 MPa 的场合

名称	结构简图	特点和应用
焊接式管接头	 1—接管；2—螺母；3—O形密封圈； 4—接头体；5—密封圈	把相连管子的一端与管接头的接管焊接在一起，通过螺母将接管与接头体压紧。接管与接头体间的密封方式有球面与锥面接触密封、平面加 O 形密封圈密封两种形式，前者有自位性，安装时要求不是很严格，但密封可靠性稍差，适用于工作压力不高的液压系统（约 8 MPa 以下的系统）；后者可用于高压系统。接头体与液压元件的连接，有圆锥螺纹和圆柱螺纹两种形式，后者要用组合垫圈加以密封。焊接式管接头制造工艺简单，工作可靠，扩装方便，对被连接的管道尺寸及表面精度要求不高，是目前应用最广泛的一种形式
卡套式管接头	 1—管路；2—卡套；3—螺母； 4—接头体；5—密封圈	卡套是一个在内圆端部带有锋利刃口的金属环，刃口可在装配时切入被连接的管路而起连接和密封作用。卡套式管接头对管路轴向尺寸的精度要求不严、拆装方便，无须焊接或扩口，但对管路径向尺寸的精度要求较高。其采用冷拔无缝钢管，使用压力可达 32 MPa。管路外径一般不超过 42 mm

续表

名称	结构简图	特点和应用
软管接头	 (a) 可拆式 (b) 扣压式 1—胶管；2—外套；3—接头体；4—接头螺母	软管接头有可拆式和扣压式两种，一般橡胶软管与其接头由厂家集成供应。 可拆式软管接头的装配工序为：在胶管 1 上剥去一段外层胶，将六角形接头外套 2 套装在胶管 1 上再将锥形接头体 3 拧入，由锥形接头体 3 和外套 2 上带锯齿形倒内锥面把胶管 1 夹紧。 扣压式软管接头的装配工序和可拆式相同，区别是外套 2 为圆柱形。另外，扣压式软管接头最后要用专门模具在压力机上将外套 2 进行挤压收缩，使外套变形后紧紧地与胶管和接头体连成一体。随管径不同，软管接头可用于工作压力为 6~40 MPa 的液压系统

任务五

密封装置

　　密封是解决液压系统泄漏问题最重要、最有效的手段。液压系统如果密封不良，可能出现油液外泄漏，外泄漏的油液将会污染环境；可能使空气进入吸油腔，影响液压泵的工作性能和执行元件运动的平稳性（如爬行），泄漏严重时，会使系统容积效率过低，甚至工作压力达不到要求值。若密封过度，虽可防止泄漏，但会造成密封部分的剧烈磨损，缩短密封件的使用寿命，增大液压元件内的运动摩擦力，降低系统的机械效率。因此，合理地选用密封装置在液压系统的设计中是很重要的。

一、对密封装置的要求

　　1）在一定的工作压力和温度范围内，具有良好的密封性能，有适宜的弹性，随压力的升高能自动提高密封性能。

2）耐腐蚀性能好，不易老化，工作寿命长，耐磨性好，磨损后在一定程度上能自动补偿。

3）密封装置和运动部件之间的摩擦力要小，摩擦系数稳定。

4）结构简单，使用、维修方便，价格低廉。

二、密封装置的类型和特点

密封装置按照密封的作用原理可分为：非接触式密封，如间隙密封和迷宫式密封；接触式密封，即采用各种形状的密封圈进行密封。

1. 间隙密封

间隙密封是靠相对运动部件配合面之间的微小间隙来进行密封的，常用于柱塞、

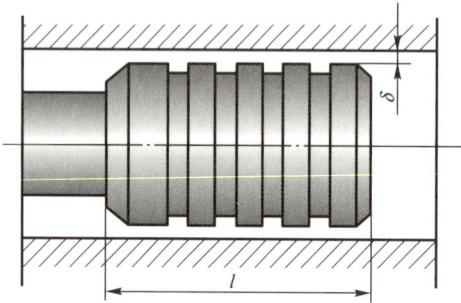

图 4-9 间隙密封

活塞或阀的圆柱配合面中。如图 4-9 所示，一般在阀芯的外表面开有几条等距离的均压槽，它的主要作用是使径向力均匀分布，减小液压卡紧力，同时使阀芯在孔中对中性好，以减小间隙的方法来减小泄漏。同时，槽所形成的阻力对减小泄漏也有一定的作用。

这种密封的优点是摩擦力小，缺点是磨损后不能自动补偿，主要用于直径较小的圆柱面之间，如液压泵内的柱塞与缸体之间，滑阀的阀芯与阀孔之间的配合。

2. 密封圈密封

在液压系统中广泛使用密封圈密封。大多数密封圈采用天然橡胶或人工合成的高分子材料制造，有一定的弹性。在安装时通过预压发生局部变形，在承受油液压力时再被进一步压紧，形成实际接触区，能够完全隔断或至少大幅度减少油液泄漏的通道。密封圈密封是接触式密封，磨损后可自动补偿，因此结构简单，密封可靠。

（1）O 形密封圈

O 形密封圈是一种截面为圆形的耐油橡胶环，它具有良好的密封性能，内外侧和端面都能起到密封作用，制造容易，装拆方便，成本低，在液压系统中应用广泛。图 4-10a 所示为其外形图；图 4-10b 所示为装入密封沟槽的情况，δ_1 和 δ_2 为 O 形密封圈装配后的预压缩量。当油液工作压力超过 10 MPa 时，O 形密封圈在往复运动中容

易被油液压力挤入间隙而提早损坏，如图 4-10c 所示，为此，要在它的侧面安放聚四氟乙烯挡圈，单边受力时在受力侧的对面安放一个挡圈，如图 4-10d 所示，双向受力时则在两侧各放一个挡圈，如图 4-10e 所示。

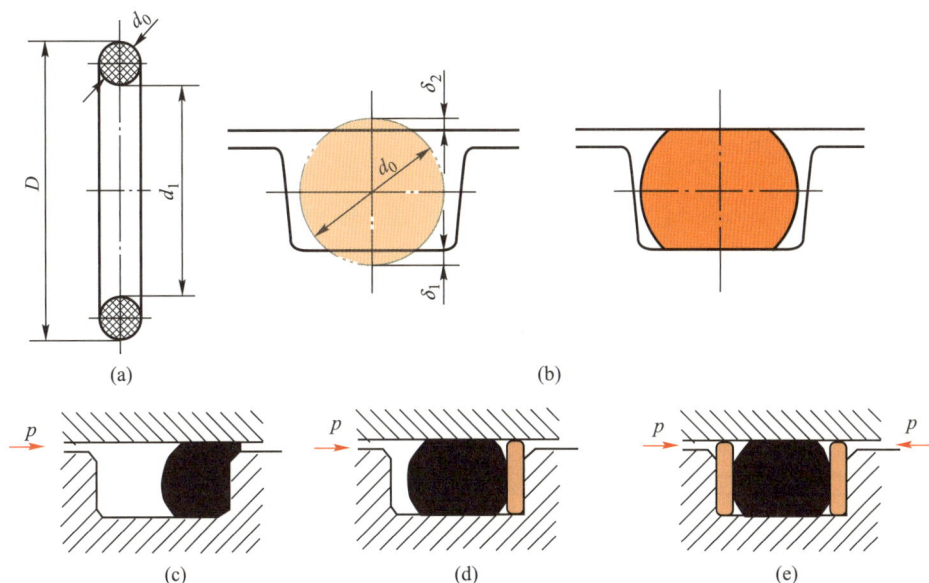

图 4-10　O 形密封圈的结构和工作情况

（2）唇形密封圈

唇形密封圈根据截面的形状可分为 Y 形、V 形等。其工作原理如图 4-11 所示，油液压力将密封圈的两唇边压向形成间隙的两个零件的表面。这种密封作用的特点是能随着工作压力的变化自动调整密封性能，压力越高则唇边被压得越紧，密封性越好；当压力降低时唇边压紧程度也随之降低，从而减少了摩擦力和功率消耗，除此之外，还能自动补偿唇边的磨损，保持密封性能不降低。

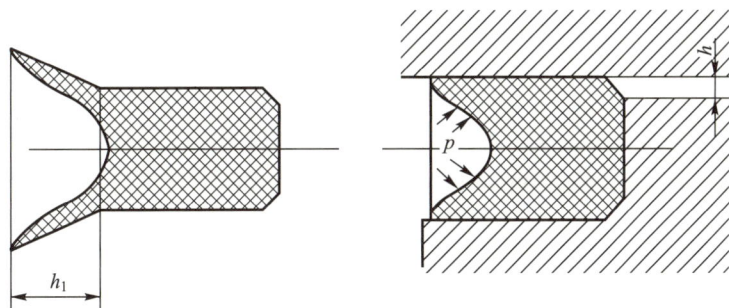

图 4-11　唇形密封圈的工作原理

唇形密封圈安装时应使其唇边开口面对液压油，使两唇张开，分别贴紧在机件的表面上。

图 4-12 所示为 Y 形密封圈，它是单向作用密封元件。这种密封圈低压时是靠预压缩密封，高压时是靠唇边贴紧密封面密封，压力越高贴得越紧。Y 形密封圈密封可靠，寿命较长，摩擦力小，在各种机械设备中被采用，常用于运动速度较高的液压缸活塞或活塞杆的密封，双向密封时应成对使用。

在高压和超高压情况下（压力大于 25 MPa），V 形密封圈也有应用，图 4-13 所示为 V 形密封圈。它由支承环、密封环和压环三部分叠加组成。密封压力高时，可增加密封环的数量。V 形密封圈安装时要预压紧，所以摩擦力较大。

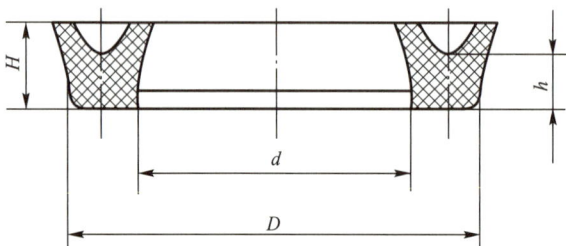

图 4-12　Y 形密封圈

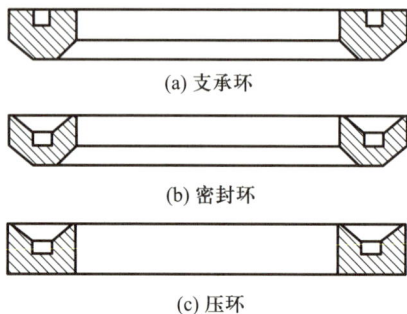

图 4-13　V 形密封圈

（3）组合式密封装置

图 4-14a 所示为由 O 形密封圈与截面为矩形的聚四氟乙烯塑料滑环组成的矩形滑环组合式密封装置。其中，滑环 2 紧贴密封面，O 形密封圈 1 为滑环提供弹性预压力，在工作介质压力等于零时构成密封，由于密封间隙靠滑环，而不是 O 形密封圈，因此摩擦力小而且稳定，可以用于 40 MPa 的高压；往复运动密封时，速度可达 15 m/s；往复摆动与螺旋运动密封时，速度可达 5 m/s。矩形滑环组合式密封装置的缺点是抗侧倾能力稍差，在高低压交变的场合下工作容易泄漏。

图 4-14b 所示为由支持环和 O 形密封圈组成的轴用组合式密封装置。支持环 3 与被密封件 4 之间为线密封，其工作原理类似唇形密封圈。支持环为一种经特别处理的化合物，具有极佳的耐磨性、低摩擦和保形性，不存在橡胶密封圈低速时易产生的爬行现象，工作压力可达 80 MPa。

组合式密封装置由于充分发挥了橡胶密封圈和滑环（支持环）的长处，因此不仅工作可靠，摩擦力低而稳定，并且使用寿命比普通橡胶密封圈提高近百倍，在工程上的应用日益广泛。

（4）回转轴的密封装置

回转轴的密封装置形式很多，图 4-15 所示是一种由耐油橡胶制成的回转轴用密封圈，它的内部有直角形圆环铁骨架支撑着，密封圈的内边围着两条螺旋弹簧，可通过将内边收紧在轴上来进行密封。这种密封圈主要用作液压泵、液压马达和回转式液压缸的伸出轴的密封，以防止油液漏到壳体外部，它的工作压力一般不超过 0.1 MPa，最大允许线速度为 4~8 m/s，须在有润滑的情况下工作。

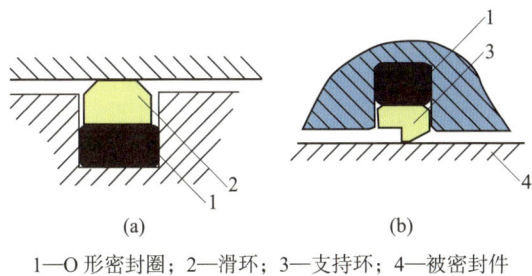

1—O 形密封圈；2—滑环；3—支持环；4—被密封件	
图 4-14　组合式密封装置	图 4-15　回转轴用密封圈

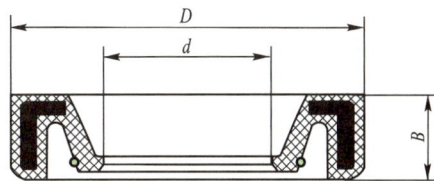

任务六

其他辅助元件

一、热交换器

液压系统中液压油的工作温度一般以 30~50 ℃ 为宜，最高不超过 65 ℃，最低不低于 15 ℃。如果液压系统依靠自然冷却仍不能使油温控制在允许的最高温度以下，或是对温度有特殊要求时，则应安装冷却器，强制冷却油温；反之，如果环境温度太低，液压泵无法正常启动或有油温要求时，则应安装加热器，提高油温。冷却器和加热器统称为热交换器。

1. 冷却器

按照冷却介质的不同，冷却器常分为水冷式、风冷式两种。

（1）水冷式冷却器

图 4-16 所示为最简单的蛇形管冷却器，它直接安装在油箱内并浸入油液中，冷却水从管内流过时，可将油液中的热量带走。这种冷却器的散热面积小，耗水量大，冷却效果不好。

图4-16　蛇形管冷却器示意图

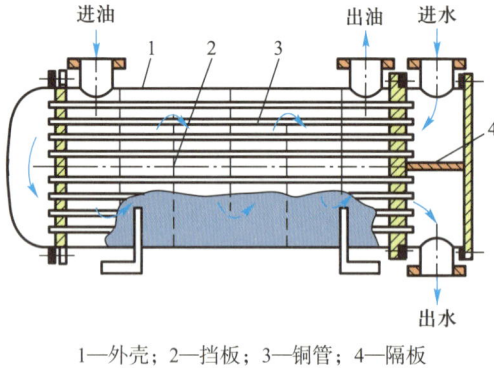

1—外壳；2—挡板；3—铜管；4—隔板

图4-17　多管式冷却器

液压系统，特别是大功率系统，一般采用多管式冷却器，其结构如图4-17所示。冷却水从管内流过，油液从筒体中的管间流过，中间隔板使油液折转，从而增加油液的循环路线长度，以强化热交换效果。这种冷却器由于采用强制对流的方式，散热效率较高、结构紧凑，应用较普遍。

（2）风冷式冷却器

行走机械设备的液压系统，可以用风冷式冷却器。冷却方式可采用风扇强制吹风冷却，也可采用自然风冷却。图4-18所示为翅片式风冷却器，每两层通油板之间设置波浪形的翅片板，因此可以大大提高传热系数。如果加上强制通风，冷却效果将更好。它的结构紧凑、体积小，但易堵塞、难清洗。

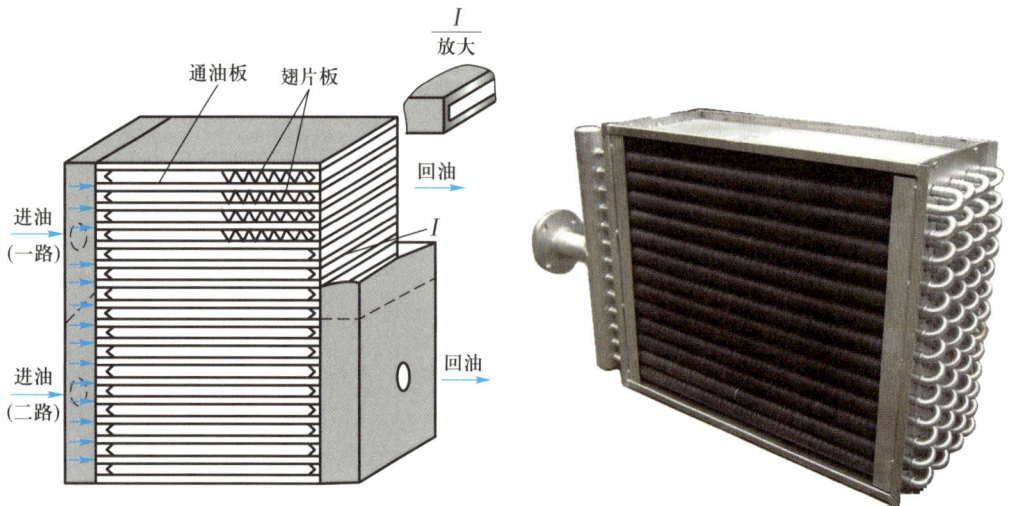

图4-18　翅片式风冷却器

冷却器的图形符号如图4-19所示。冷却器一般应安装在回油管路或溢流阀的溢流管路上。若溢流功率损失是系统温升的主要原因，则应将冷却器2设置在溢流阀4的回油管路上，如图4-20a所示，在回油管冷却器2旁要并联旁通溢流阀5，实现冷却器的过压安

图4-19 冷却器的图形符号

(a) 一般符号　　(b) 带冷却剂

全保护；在回油管冷却器2上游串联截止阀3，当油温较低，不需要冷却时，可用来切断冷却器。若系统中存在若干个发热量较大的元件，则应将冷却器7设置在系统的总回油管路上。如果回油管路上同时设置有过滤器6和冷却器7，如图4-20b所示，则应把过滤器6安放在回油管路上游，以降低油液流经过滤器的阻力损失。冷却器在系统中造成的压力损失一般为0.1 MPa左右。

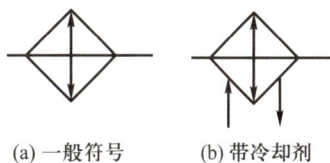

(a)　　　　　　　　　　(b)

1—液压泵；2、7—冷却器；3—截止阀；4—溢流阀；5、8—旁通溢流阀；6—过滤器

图4-20 冷却器的安装位置

2. 加热器

液压系统中油液温度过低时可使用加热器，一般采用结构简单，能按需要自动调节最高、最低温度的电加热器。如图4-21所示，电加热器水平安装，发热部分应全部浸入油液中，安装位置应使油箱内的油液有良好的自然对流，单个电加热器的功率不能太大，以避免其周围油液过度受热而变质，一般表面功率密度不应大于 3 W/cm^2。图4-22所示为加热器的图形符号。

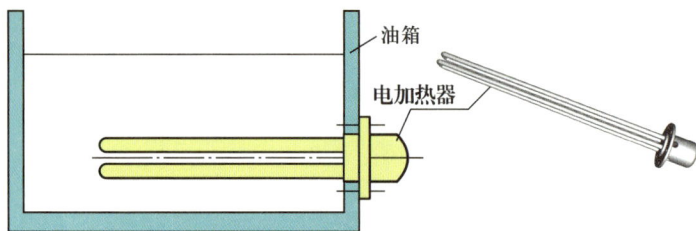

图 4-21 加热器安装示意图

图 4-22 加热器的图形符号

二、压力表及压力表开关

1. 压力表

压力表用于观察和测量各工作点的工作压力，以达到调整和控制的目的。图 4-23 所示为最常见的弹簧弯管式压力表。

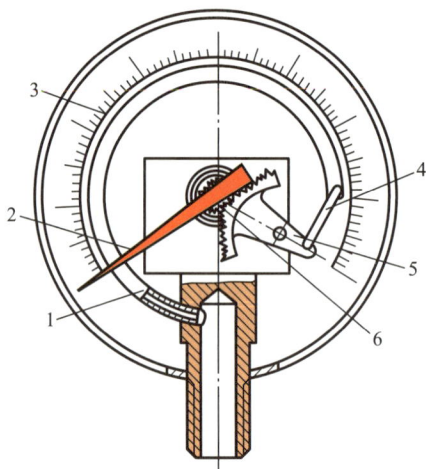

1—金属弯管；2—指针；3—刻度盘；4—杠杆；5—扇形齿轮；6—齿轮
图 4-23 弹簧弯管式压力表

压力表精度等级的数值是压力表最大误差占量程（压力表的测量范围）的百分数。选用压力表时，一般取系统压力为量程的 2/3～3/4，被测压力不应超过压力表量程的 3/4，否则将影响压力表的使用寿命。压力表必须直立安装。液压油接入压力表时，应通过阻尼小孔，以防止被测压力突然升高而将表冲坏。液压系统用压力表一般采用 1.5 级～4 级精度。

2. 压力表开关

压力油路与压力表之间往往需要安装压力表开关，用来接通或切断压力表和测量点的通道，相当于一个截止阀。压力表开关按测量点数目不同可分为一点、三点、六点等几种。

图 4-24 所示为板式连接的 K-6B 型压力表开关结构图。图示位置为非测量位置，此时压力表经沟槽 a、小孔 b 与油箱接通。测压时，将手柄向右推进去并转到测量点位置，使沟槽 a 将压力表油路与测量点油路连通，与此同时，压力表油路与通往油箱的油路被断开，这时便测出该测量点的压力。如将手柄转至另一个测量点，便可测出另一个测量点的压力。压力表的过油通道很小，可防止指针的剧烈摆动。无须测压时，应将手柄拉出，使压力表油路与系统油路断开（与油箱接通），以保护压力表并延长压力表的使用寿命。

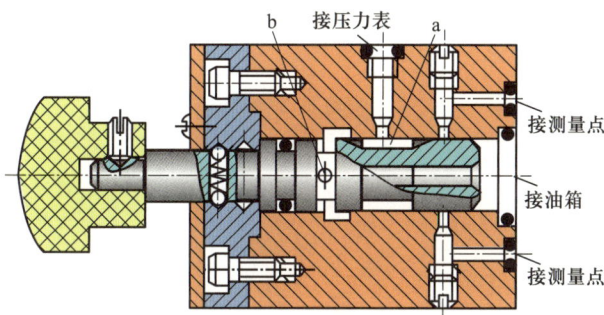

图 4-24　K-6B 型压力表开关结构图

习　题

4-1　油箱的功用是什么？

4-2　蓄能器的功用有哪些？安装使用时应注意哪些问题？

4-3　过滤器一般安装在什么位置？

4-4　常用的管接头有哪几种？它们各适用于什么场合？

4-5　常用管路有哪几种？它们的适用范围有何不同？

4-6　系统在什么情况下需要设置冷却器或加热器？

4-7　压力表的精度等级是指什么？如何选择压力表？

项目五
液压控制阀

⚙ 项目引入

　　机场配餐车是一种液压传动、剪式升降的车载式设备，用于飞机食品装卸服务。配餐车进行配餐作业时，方向控制阀可以控制升降机和撑脚的运动方向，并在工作位置可靠锁紧；流量控制阀可以控制升降机的运动速度，满足厢体升降时平稳度高、速度适中的要求；压力控制阀可以防止系统过载。本项目将介绍方向控制阀、压力控制阀、流量控制阀是如何实现这些控制功能的。

🖐 学习目标

1. 掌握换向阀的功能、操作方式和复位方式。能够正确识别换向阀的图形符号。能够正确安装换向阀。
2. 掌握手动换向阀、机动换向阀、电磁换向阀、液动换向阀、电液换向阀的工作原理和结构。
3. 能够根据三位换向阀中位机能，初步判断系统性能情况、换向性能情况。
4. 掌握普通单向阀和液控单向阀的结构、工作原理。能够正确识别普通单向阀、液控单向阀的图形符号。能够正确安装单向阀。
5. 掌握溢流阀、减压阀、顺序阀、压力继电器的结构、工作原理。能够正确识别各压力控制阀的图形符号；能够区分各压力控制阀；能够正确安装各压力控制阀。
6. 掌握节流阀、调速阀的结构、工作原理。能够正确识别节流阀、调速阀的图形符号。
7. 能够根据设备工作需要，通过正确调节控制元件，调试液压设备。
8. 了解叠加阀的特点及应用。
9. 了解插装式锥阀的结构、特点及应用。

液压控制阀是用来控制液压系统中液体的流动方向、限制液体压力高低及调节流量大小的，从而满足执行元件及其驱动的工作装置达到预定的运动方向、推力（转矩）及速度（转速）等不同的动作要求。

液压控制阀按功能分为压力控制阀、方向控制阀、流量控制阀；按结构分为滑阀、座阀；按操纵方式分为手动阀、电动阀、机动阀、液动阀；按连接方式分为管式连接、板式或叠加式连接、插装式连接。

各行业经常根据阀在某种机械设备上的用途来称呼阀，完全相同的阀，用在不同行业的不同设备上，可能会有不同的名称。所以在工作时，一方面要看阀的名称，另一方面要根据阀的图形符号来了解它的功能。

液压控制阀的类型及控制功能各有不同，但均具有基本的共性。

1）从结构上：所有液压控制阀都由阀芯、阀体及驱动阀芯相对阀体做运动的元器件（如弹簧、电磁铁）等组成。

2）从原理上：所有液压控制阀都是利用阀芯在阀体内的相对运动来控制阀口的通断及开度大小，从而实现对液压油的方向、压力和流量的控制的。

3）从现象上：只要有油液流过阀孔，都要产生压力降和温度升高等现象。通过阀孔的流量，与通流面积和阀的前后压差有关。

4）从功能上：阀不对外做功，只是用来满足执行元件的压力、速度和换向等要求。

5）从参数上：各种液压控制阀有不同的参数，但其共性的参数有两个，即公称通径和额定压力。

任务一

方向控制阀

方向控制阀是用来控制和改变液压系统中油路通、断或油液流通方向，从而控制液压执行元件的启动、停止及运动方向的。按其用途不同，可分为单向阀和换向阀两种。

一、单向阀

单向阀主要用于控制油液的单方向流动，有普通单向阀和液控单向阀两种。

1. 普通单向阀

普通单向阀（简称单向阀）又称止回阀或逆止阀，其作用是允许油液单方向流动，反向截止。

（1）单向阀的结构及特点

图 5-1 所示为单向阀，其主要由阀体 1、阀芯 2、弹簧 3 等组成。阀芯有锥阀式和钢球式之分。锥阀式密封性好，应用广泛；钢球式一般适用于小流量场合。单向阀根据连接方式不同有管式（图 5-1a）和板式（图 5-1b）两种。

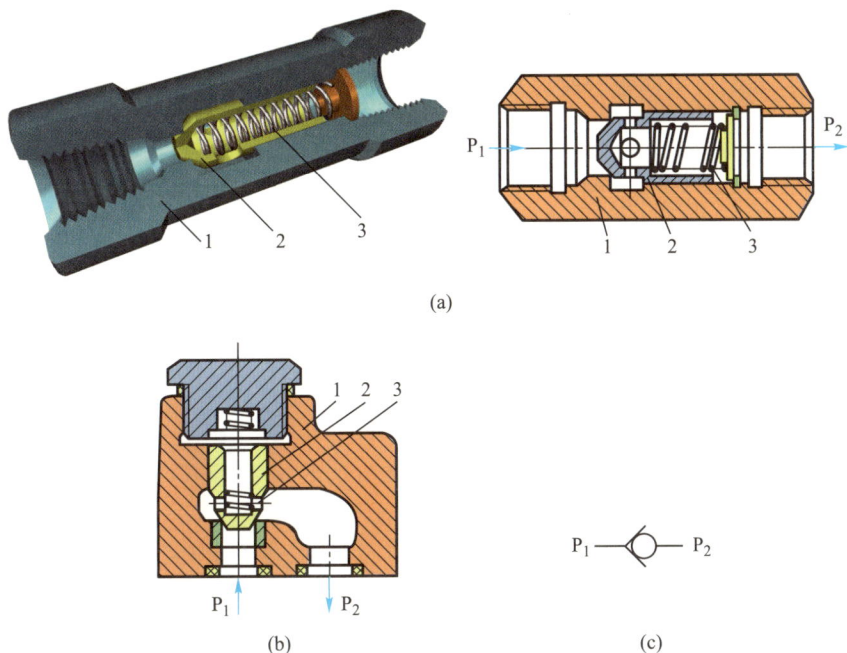

(a)

(b)　　　　　　　(c)

1—阀体；2—阀芯；3—弹簧

图 5-1　单向阀

如图 5-1 所示，液压油从阀体油口 P_1 处流入，克服弹簧 3 作用在阀芯 2 上的作用力及阀芯 2 与阀体 1 之间的摩擦力，使阀芯 2 向弹簧侧移动，从而打开阀口，使油液通过阀体油口 P_2 流出。当液压油从油口 P_2 流入时，作用在阀芯上的油液压力与弹簧力一起使阀芯 2 压紧在阀体 1 上，使阀口关闭，故油液不能流过。图 5-1c 所示为单向阀的图形符号。

单向阀中的弹簧主要用来克服阀芯的摩擦力和惯性力，使阀芯复位。为使工作灵敏可靠，单向阀的弹簧刚度较小，以免油液流动时产生较大的压差，一般单向阀的开启压力为 0.035～0.05 MPa。

（2）单向阀的应用

1）如图 5-2a 所示，单向阀用于液压泵的出口处，用来防止系统压力突然升高，而导致油液倒流损坏液压泵，又可防止系统中油液流失，避免空气进入系统。

2）如图 5-2b 所示，单向阀用于隔开油路之间的连通，防止油路互相干扰。

3）如图 5-2c 所示，单向阀作背压阀使用，使油路保持一定的压力，保证执行元件的运动平稳性。此时，需将单向阀中的弹簧更换成刚度较大的弹簧，使该阀的开启压力为 0.2～0.6 MPa。

4）如图 5-2d 所示，单向阀作旁通阀使用。单向阀通常与顺序阀、减压阀、节流阀和调速阀并联组成单向复合阀，如单向节流阀、单向顺序阀等。

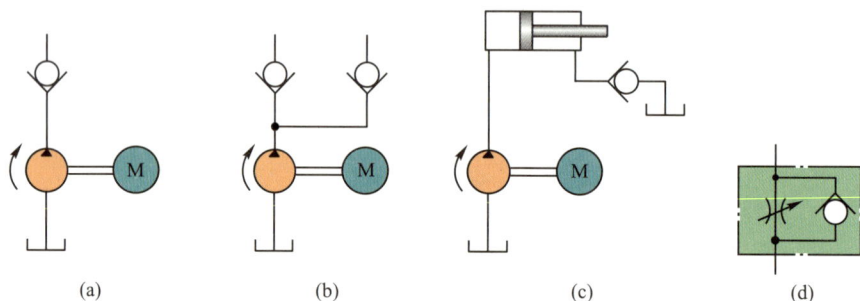

图 5-2 单向阀的应用

2. 液控单向阀

（1）液控单向阀的结构及特点

图 5-3a 所示为液控单向阀的结构，与普通单向阀的主要不同是阀体上多了控制油口 K，阀体内多了控制活塞 1。当控制油口 K 不通液压油时，工作原理和普通单向阀相同，液压油只能从油口 P_1 流向油口 P_2，不能反向流动。当控制油口 K 接通液压油时（a 腔通泄油口），在油液压力作用下，控制活塞 1 右移通过顶杆 2 顶开阀芯 3，使油口 P_1 和 P_2 接通，油液可在两个方向自由流动。液控单向阀控制油口 K 的最小控制压力为主油路压力的 30%～50%。图 5-3b 所示为液控单向阀的图形符号。

图 5-4 所示为带卸荷阀芯的液控单向阀，在高压系统中，为减小控制油口 K 的开启压力，在锥阀芯 2 中心可增加一个卸荷阀芯 3。在控制活塞 1 顶起锥阀芯 2 之前，先顶开卸荷阀芯 3，使左、右腔油液经卸荷阀芯上的缺口流通，锥阀芯右腔的液压油泄到左腔，从而降低压力。当右腔压力降低到一定值后，控制活塞 1 可以较小的力将

锥阀芯 2 顶起，使油口 P_1 和 P_2 完全连通。采用带卸荷阀芯的液控单向阀时，其最小控制压力约为主油路的 5%。

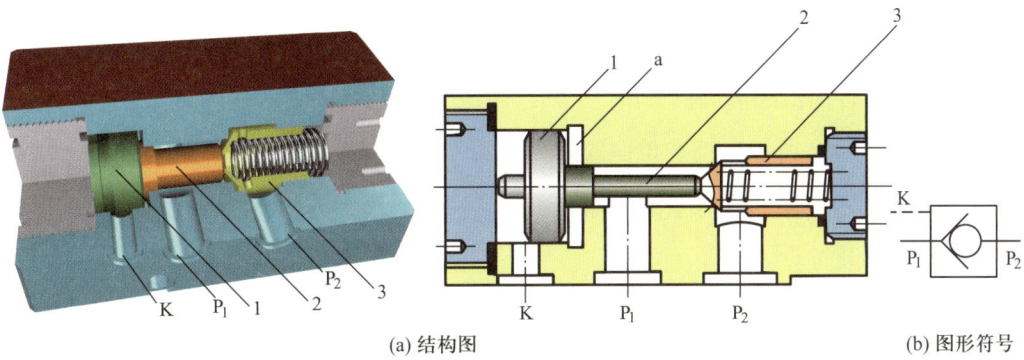

(a) 结构图　　　　　　　　　　　　　　　　(b) 图形符号

1—控制活塞；2—顶杆；3—阀芯

图 5-3　液控单向阀

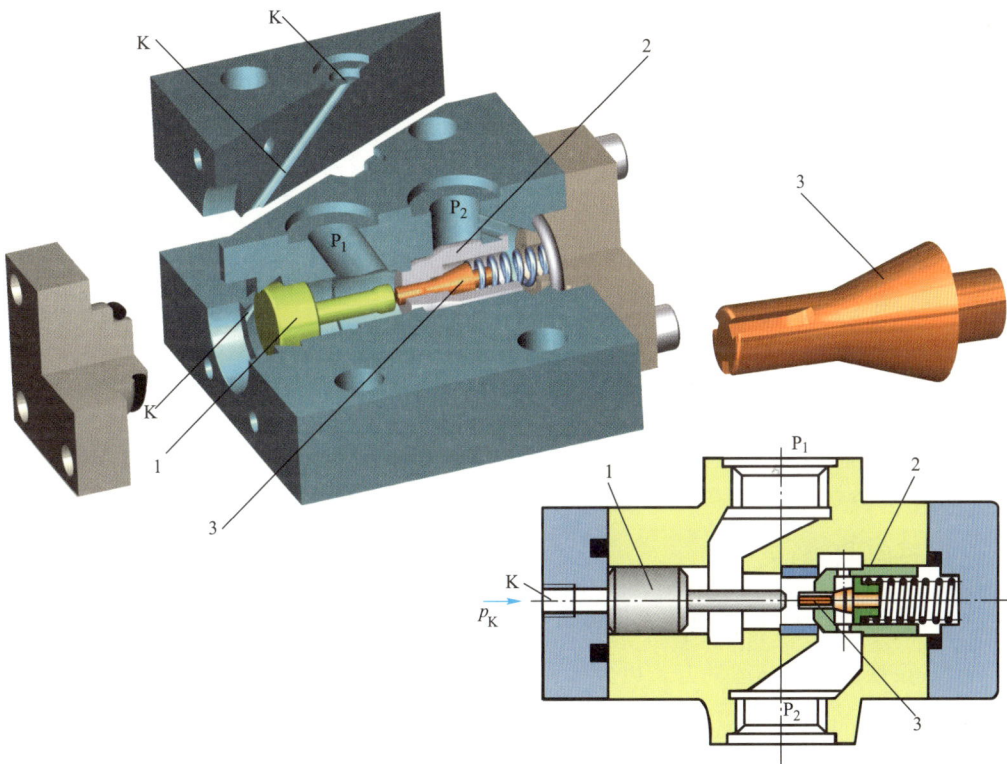

1—控制活塞；2—锥阀芯；3—卸荷阀芯

图 5-4　带卸荷阀芯的液控单向阀

（2）液控单向阀的应用

1）如图 5-5a 所示，用两个液控单向阀组成"液压锁"，对液压执行元件进行锁闭，使执行元件能可靠地停止在任何位置。

2）如图 5-5b 所示，液控单向阀作保压阀使用，使系统在规定时间内可维持一定的压力。

3）如图 5-5c 所示，液控单向阀用于液压缸的支撑，可防止立式液压缸的活塞和滑块等活动部件因滑阀泄漏而下滑。

4）如图 5-5d 所示，液控单向阀作充液阀使用，立式液压缸的活塞在高速下降过程中，因活塞和工作部件自重的作用，可能致使其迅速下降，产生吸空和负压，所以必须增设补油装置。

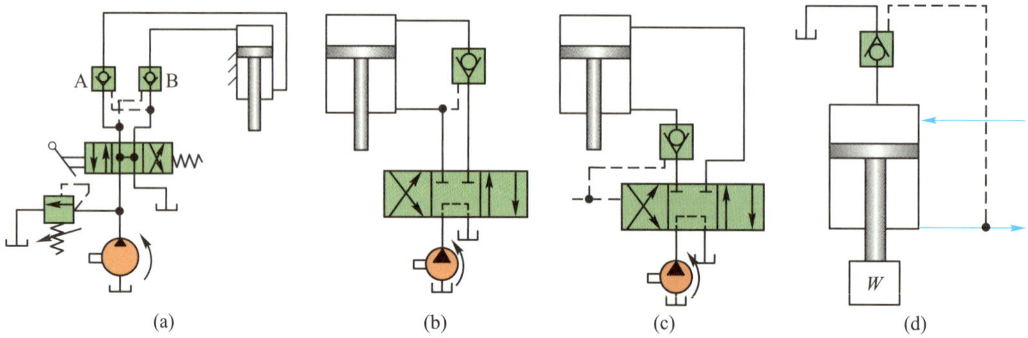

图 5-5　液控单向阀的应用

二、换向阀

换向阀利用阀芯相对阀体的移动，改变阀体上各油口的连通状态，从而使油路接通、关断或改变油液流动的方向，控制液压执行元件及其驱动机构的启动、停止或变换其运动方向。

1. 换向阀的分类

根据换向阀阀芯运动方式、操纵方式和安装方式等，可对换向阀进行如下分类：

1）按换向阀阀芯运动方式可分为：滑阀和转阀。

2）按换向阀的操纵方式可分为：手动式、机动式、电磁式、液动式、电液动式等。

3）按换向阀阀芯工作位置和进、出口通路数可分为：二位二通阀、二位三通阀、二位四通阀、三位四通阀和三位五通阀。

4）按换向阀的安装方式可分为：管式、板式和法兰式。

2. 滑阀的结构和工作原理

图 5-6 所示为滑阀的工作原理，阀芯和阀体是滑阀的结构主体，阀芯 1 是一个具有多段环形槽的圆柱体，与阀芯配合的阀体 2 孔内有多条沉割槽，每条沉割槽通过相应的孔道与外部油路相连。当阀芯相对阀体处于图 b 所示位置时，油口 P、A、B 和 T 互不相通，液压缸的活塞处于停止状态。当阀芯相对阀体向左移动一定距离，处于图 a 所示位置时，由液压泵输出的液压油从阀的 P 口经 A 口输向液压缸的无杆腔，液压缸有杆腔的油液从阀的 B 口经 T 口流回油箱，此时液压缸活塞向右运动；反之，若阀芯相对阀体向右移动一定距离，处于图 c 所示位置时，由液压泵输出的液压油从阀的 P 口经 B 口输向液压缸的有杆腔，液压缸无杆腔的油液从阀的 A 口经 T 口流回油箱，此时液压缸活塞向左运动。综上所述可知：当换向阀阀芯相对阀体处于不同位置时，各油口可以实现不同的通断状态，从而实现对执行元件启、停、运动方向的控制。图 5-6a～c 中的换向阀可绘制成图 5-6d 所示的图形符号。

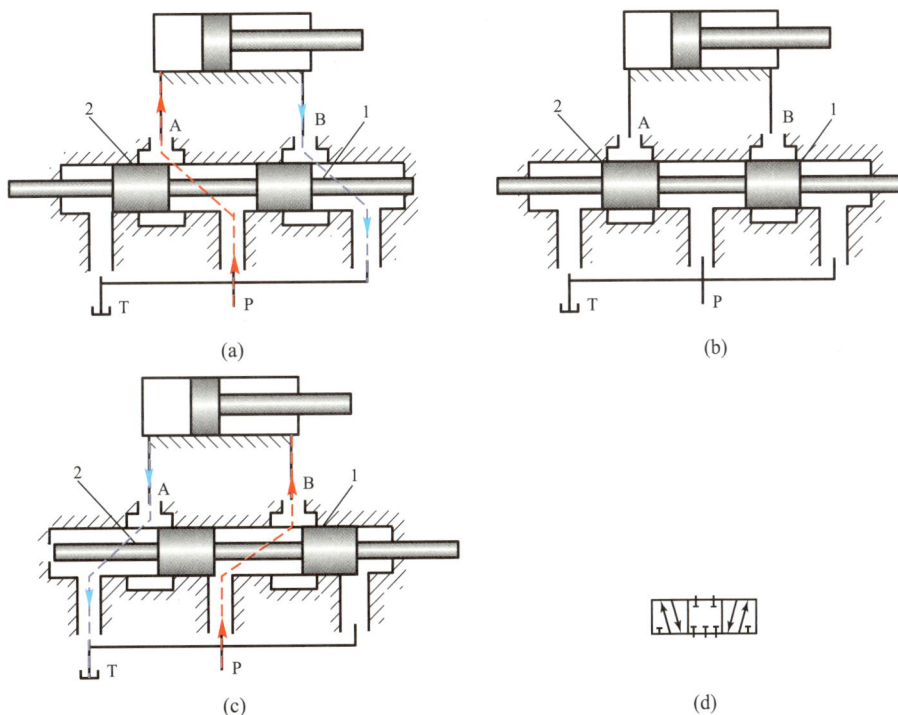

1—阀芯；2—阀体

图 5-6　滑阀的工作原理

换向阀图形符号的含义如下：

1）用方框表示换向阀的工作位置，有几个方框就表示有几"位"。

2）取阀中任意一个方框，方框的上边和下边与外部连接的接口（油口）数是几个，就表示几"通"。方框内符号"⊤"或"⊥"表示此通路被阀芯封闭，即该油路不通；方框内的箭头表示在这一位置上油路处于接通状态，但箭头方向不表示油液的实际流向。

3）换向阀图形符号中，阀与系统供油路连接的进油口用字母 P 表示；阀与系统回油路连接的回油口用字母 T(O) 表示；阀与执行元件连接的工作油口则用字母 A、B 表示；泄油口用字母 L 表示；控制油口用字母 K 表示。

4）换向阀通常有两个或两个以上的"位"，阀芯未被操纵时的位置称为常态位。三位阀的中间位置和两位阀侧面画有弹簧的方格为常态位，其余方格为经控制操纵后达到的工作位置。字母 P、T、A、B 应分别标注在常态位的上下两面，绘制系统图时，液压油路应连接在换向阀的常态位置上。

常用的二位和三位换向阀的位和通路符号如图 5-7 所示，常用换向阀操纵方式符号如图 5-8 所示。将图 5-8 中不同的操纵方式符号与图 5-7 中所示的换向阀的位和通路符号组合，就可以得到不同的换向阀，如三位四通电磁换向阀、二位二通机动换向阀等。

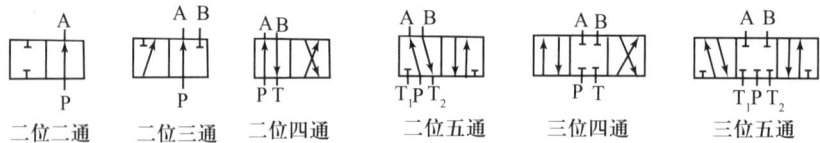

图 5-7　换向阀的位和通路符号

图 5-8　换向阀操纵方式符号

3. 滑阀中位机能

三位阀在常态位置上，各油口的连通方式称为滑阀中位机能。滑阀中位机能不仅在阀芯处于中位时对系统性能有影响，而且在换向过程中对系统性能也有影响。表 5-1 列出了三位四通换向阀常见的中位机能、图形符号及其机能特点等。在分析和选择三位阀的中位机能时，通常考虑以下几点：

1）系统保压：阀在中位时，当 P 口被堵住时，系统保压，液压泵能用于多缸系统。

2）系统卸荷：阀在中位时，当 P 口能通畅地与 T 口相通时，系统卸荷。

3）换向平稳性与精度：阀在中位时，当液压缸 A、B 两口都堵塞时，换向过程中易产生液压冲击，换向不平稳，但换向位置精度高；反之，当 A、B 两口都通 T 口时，换向过程中工作部件不易制动，换向位置精度低，但液压冲击小。

4）启动平稳性：阀在中位时，液压缸某腔如通油箱，则启动时该腔内会因无足够的油液起缓冲作用，使启动不平稳。

5）液压缸"浮动"和在任意位置上的停止：阀在中位时，当 A、B 两口能使油液自由流出时，卧式液压缸呈"浮动"状态，可利用其他机构移动工作台调整其位置。当 A、B 两口堵塞时，则可以使液压缸在任意位置处停止，但不能"浮动"。

表 5-1　三位四通换向阀常见的中位机能

机能符号	结构原理图	中位图形符号	中位时的机能特点
O			各油口全部封闭，缸两腔封闭，系统保压。液压缸充满油液，从静止到启动状态平稳；制动时运动惯性引起的液压冲击较大；换向位置精度高
H			各油口全部连通，系统卸荷，缸成"浮动"状态。液压缸两腔接油箱，从静止到启动状态有冲击；制动时油口互通，故制动较 O 型平稳；但换向位置变动大
P			进油口 P 与缸两腔连通，回油口 T 封闭，对单杆活塞缸可形成差动回路。对双杆活塞缸，缸成"浮动"状态，从静止到启动状态较平稳；制动时缸两腔均通液压油，故制动平稳；换向位置变动比 H 型小，应用广泛
Y			系统保压，缸两腔接油箱，缸成"浮动"状态。由于缸两腔接油箱，从静止到启动状态有冲击，制动性能介于 O 型与 H 型之间
K			系统卸荷，液压缸一腔封闭一腔接回油，两个方向换向时性能不同

续表

机能符号	结构原理图	中位图形符号	中位时的机能特点
M			系统卸荷，缸两腔封闭。从静止到启动状态较平稳；制动性能与O型相同。可用于液压泵卸荷、液压缸锁紧的液压回路中

4. 几种常见的换向阀

（1）手动换向阀

手动换向阀用手柄或脚踏操纵，使阀芯相对阀体移动从而改变阀芯的工作位置，它有弹簧自动复位和钢球定位两种形式。

图 5-9 所示为三位四通手动换向阀，通过操纵手柄，可以实现左、中、右三个工作位置。图 5-9a 所示为弹簧自动复位式，扳动手柄即可换向，松开手柄后，阀芯在复位弹簧的作用下自动回到中位。如果将该阀阀芯右端弹簧部位改为图 5-9b 所示的形式，即成为可在三个位置定位的手动换向阀。

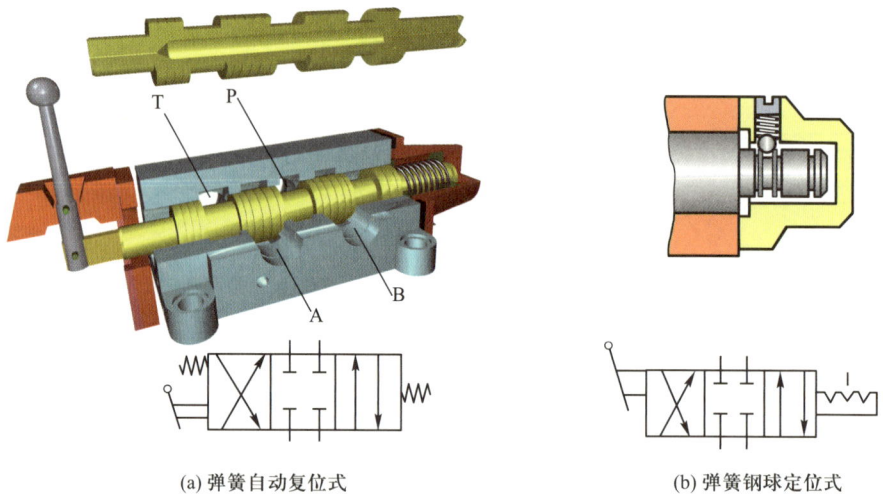

(a) 弹簧自动复位式　　　　(b) 弹簧钢球定位式

图 5-9　三位四通手动换向阀

手动换向阀适用于动作频繁、工作持续时间短的场合，其操作比较安全，常用在工程机械的液压系统中。

（2）机动换向阀

机动换向阀用来控制机械运动部件的行程，也叫行程换向阀，其利用安装在液压设备运动部件上的挡块或凸轮推动阀芯相对阀体移动，从而改变阀芯的工作位置。当挡块的运动速度一定时，改变挡块斜面角度便可改变换向时阀芯的移动速度，因而可以调节换向过程的快慢。机动换向阀通常是二位的，图 5-10 所示为常闭式二位二通机动换向阀。

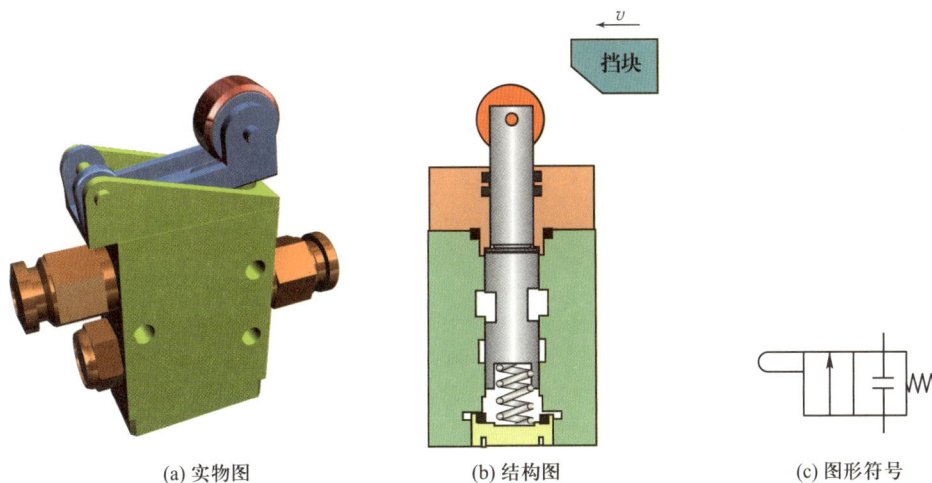

(a) 实物图　　　　　　(b) 结构图　　　　　　(c) 图形符号

图 5-10　常闭式二位二通机动换向阀

机动换向阀结构简单，换向平稳、可靠，位置精度较高，一般安装在运动部件附近，多用于控制运动部件的行程或快慢速度的换接。

（3）电磁换向阀

电磁换向阀利用电磁铁的通电吸合与断电释放推动阀芯相对阀体移动，从而改变阀芯的工作位置。它是电气系统和液压系统之间的信号转换元件。电磁换向阀按使用电源的不同，有交流和直流两种。图 5-11 所示为三位四通电磁换向阀。

电磁换向阀操纵方便，常借助于按钮开关、行程开关、限位开关、压力继电器、电接点压力表等所发出的电信号进行控制，易于实现自动化。但是由于电磁铁的吸力有限，因此电磁换向阀只适用于流量不太大的场合。

（4）液动换向阀

液动换向阀利用控制油路的液压油推动阀芯相对阀体移动，从而改变阀芯的工作位置，液动换向阀有换向时间可调和不可调两种结构形式。图 5-12a 所示为换向时间不可调的液动换向阀的结构，当换向性能要求较高时，可在阀的两端各装一只单向节流阀，调节节流阀开口大小，从而调节阀芯的移动速度，控制换向时间，减小液压冲击。图 5-12b 所示为时间不可调的液动换向阀图形符号，图 5-12c 所示为时间可调的液动换向阀图形符号。

(a) 实物图

(b) 结构图

(c) 图形符号

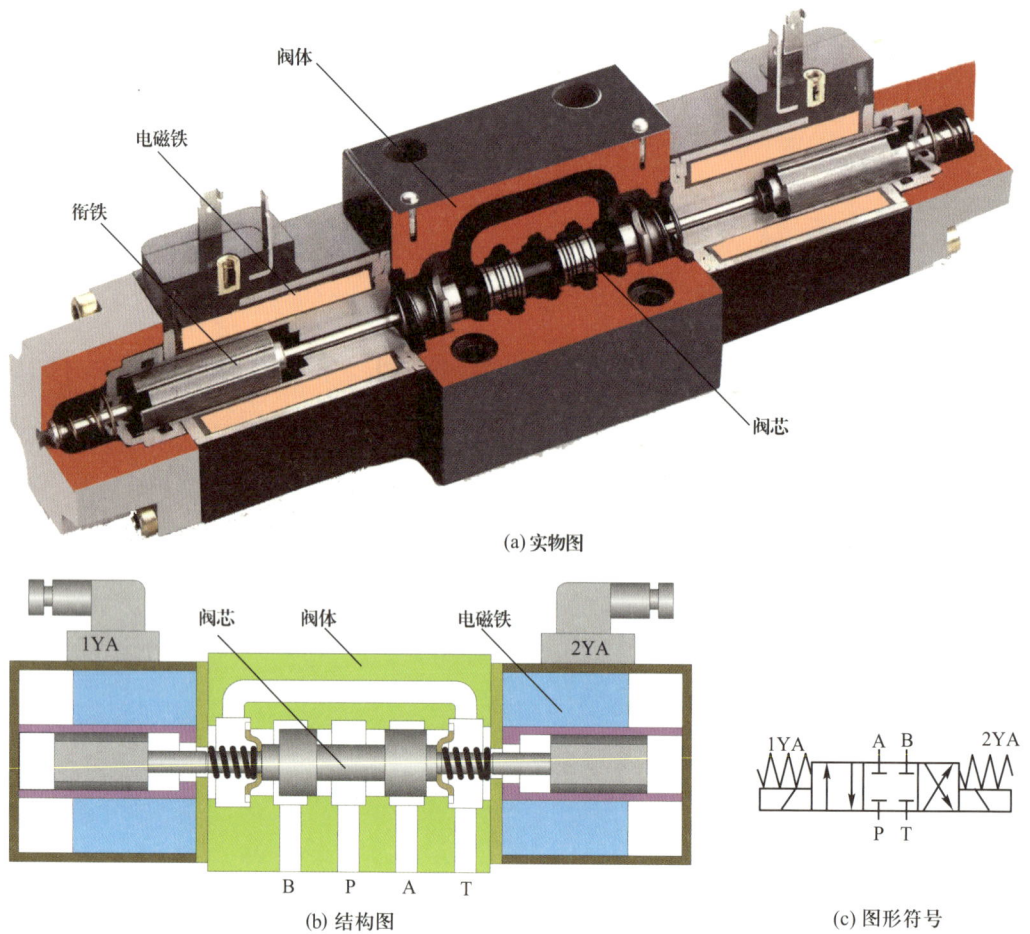

图 5-11 三位四通电磁换向阀

(a)结构图

(b)不可调式

(c)可调式

图 5-12 液动换向阀

液动换向阀结构简单，换向平稳、可靠，液压驱动力较大，可用于流量较大的场合。

（5）电液动换向阀

电液动换向阀是由电磁换向阀和液动换向阀组合而成的，如图 5-13 所示，上部为电磁换向阀，用来控制通到液动换向阀两端控制油路的流向，以改变液动换向阀阀芯的工作位置，称为先导阀；下部为液动换向阀，用来切换主油路的方向，从而改变执行元件的运动方向，称为主阀。

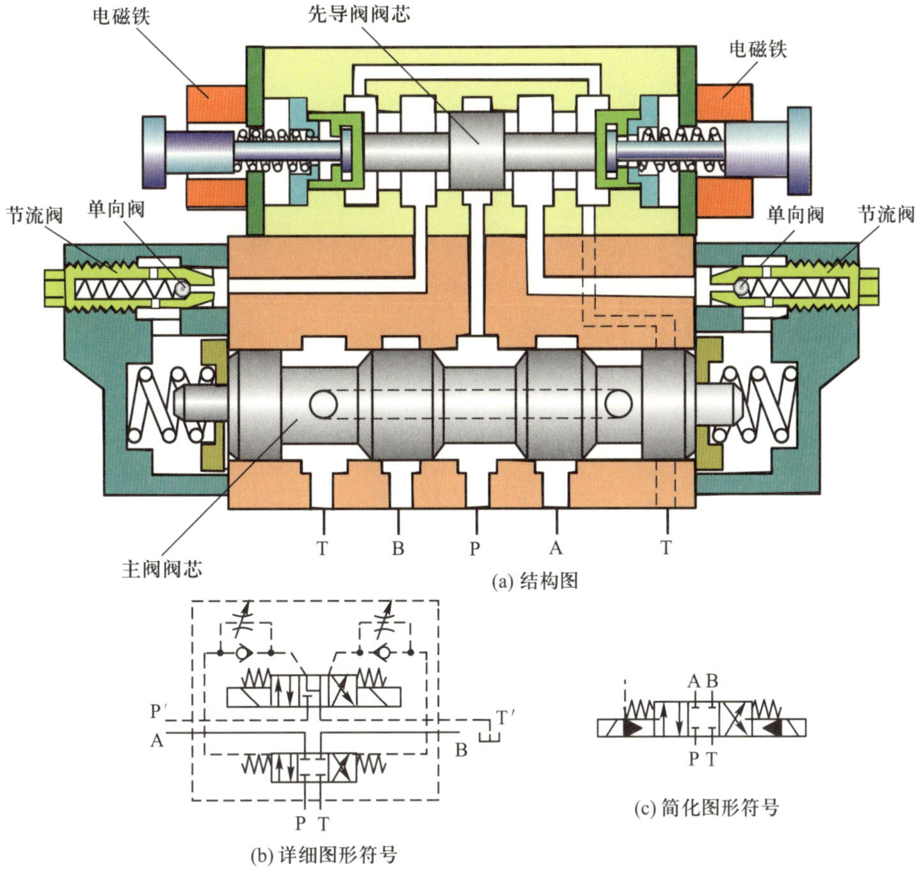

(a) 结构图

(b) 详细图形符号

(c) 简化图形符号

图 5-13　电液动换向阀

动画
电液动换
向阀的工
作原理

图 5-13a 所示为弹簧对中型三位四通电液动换向阀的结构，当先导阀左、右两端电磁铁不通电时，先导阀阀芯处于中位，主阀阀芯因其两端控制腔都接通油箱，在两端对中弹簧的作用下亦处于中位，图示为 O 型中位机能，故 4 个油口 A、B、P、T 互不相通。当先导阀左侧电磁铁通电时，先导阀阀芯右移，控制液压油经先导阀和左侧单向阀进入主阀阀芯的左控制腔，而主阀阀芯右控制腔液压油经右侧节流阀和先导阀流回油箱，于是主阀阀芯右移，右移速度由右侧节流阀的开口大小决定，使得主油路的 P 与 A 相通、B 与 T 相通。同理，当先导阀右侧电磁铁通电时，先导阀阀芯左移，

主阀阀芯左移实现换向，其移动速度由左侧节流阀的开口大小决定，使得主油路的 P 与 B 相通、A 与 T 相通。主阀的换向时间可由两端节流阀调节，因而可使换向平稳、无冲击。电液动换向阀的详细图形符号和简化图形符号如图 5-13b、c 所示。弹簧对中型三位四通电液动换向阀的先导阀中位机能应为 Y 型或 H 型，当先导阀处于中位时，主阀阀芯两端控制腔与油箱相通，压力为零，以保证主阀阀芯能在复位弹簧的作用下可靠地保持在中位。

电液动换向阀综合了电磁换向阀和液动换向阀的优点，具有控制方便、流量大的优点，适用于高压、大流量的场合。

任务二
压力控制阀

在液压系统中，限制油液压力或以压力为信号对系统其他元件的动作进行控制的阀，统称为压力控制阀。这类阀的共同点是利用作用在阀芯上的油液压力和弹簧力相平衡的原理进行工作。压力控制阀根据功能和用途不同分为溢流阀、减压阀、顺序阀、压力继电器等。

一、溢流阀

溢流阀的主要用途：一是起溢流稳压作用，常用于节流调速系统中，和流量控制阀配合使用，可保持系统的压力基本恒定；二是起过载保护作用，在系统正常工作时，溢流阀处于关闭状态，当系统压力达到其调定压力时溢流阀开启溢流，对系统起到过载保护作用，用于过载保护的溢流阀一般称为安全阀。溢流阀按其结构形式分为直动型和先导型两种，直动型一般用于低压系统，先导型用于中、高压系统。

1. 直动型溢流阀

直动型溢流阀是依靠作用在阀芯一端有效面积上主油路的油液压力，直接与作用在阀芯另一端的弹簧力相平衡来控制阀芯启闭的阀。

图 5-14 所示为低压直动型溢流阀，它主要由阀芯、阀体、调节螺母、调压弹簧等组成。进油口 P 接液压油，阀芯底部经阻尼小孔 a 与进油口 P 相通；回油口 T 接油

箱，阀芯上部的弹簧腔通过孔道 b、c 和回油口 T 相通。当进油口压力较小时，阀芯 3
在调压弹簧 2 的作用下处于下端位置，将 P 和 T 两油口隔开。当进油口压力升高，在
阀芯下端所产生的作用力超过弹簧力时，阀芯 3 抬起，阀口被打开，油口 P 与 T 连通
并溢流，阀口的开度经过一个过渡过程，便稳定在某一定值 x，进口压力也基本稳定
在某一值，即起溢流稳压作用。由阀芯缝隙处泄漏到弹簧腔的油液，经阀体上的孔道
b 和 c 通过回油口 T 排入油箱，没有压力。阀的调定压力取决于调压弹簧预紧力的大
小。调整调节螺母，改变调压弹簧的预紧力，进而可达到改变调定压力的目的。

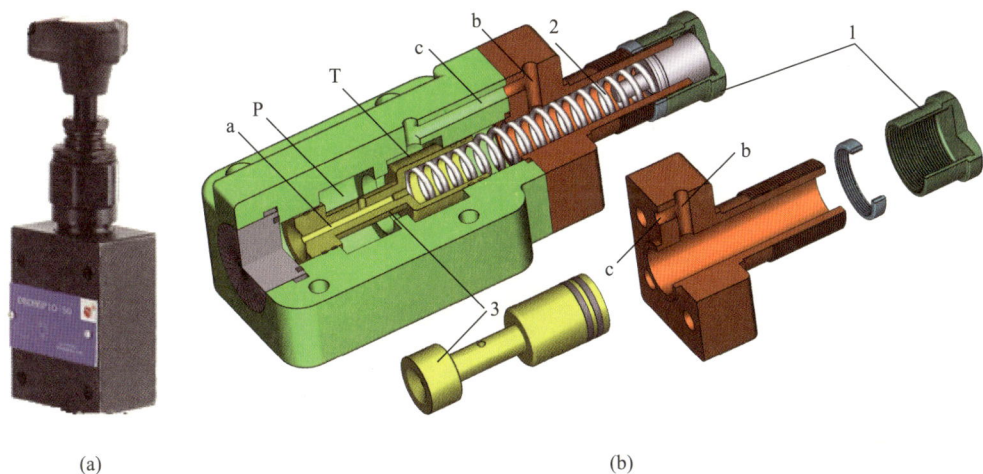

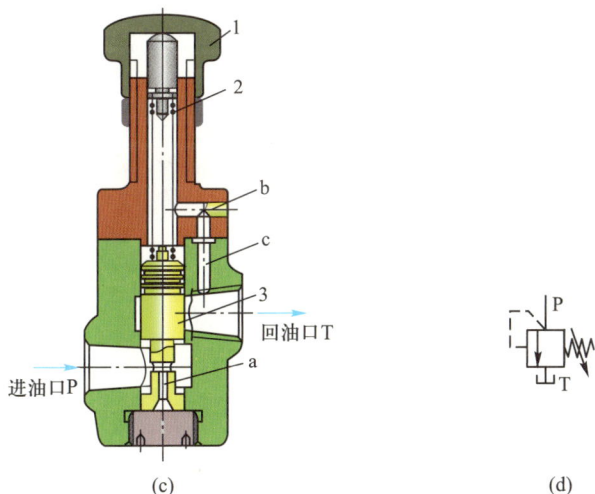

(a)   (b)

(c)   (d)

1—调节螺母；2—调压弹簧；3—阀芯
图 5-14 低压直动型溢流阀

直动型溢流阀一般用于压力小于 2.5 MPa 的小流量场合，或在中、高压系统中作
为先导阀使用。

2. 先导型溢流阀

先导型溢流阀由主阀和先导阀两部分组成。其中，先导阀部分是一种直动型溢流阀（多为锥阀式结构），主阀有多种型式。

图 5-15 所示为 Y 型（先导型）中、低压溢流阀，先导阀负责调压，主阀负责溢流。主阀阀体 1 上开有进油口 P、回油口 T 和遥控口 K。液压油从进油口 P 进入分成两路，一路经主阀阀芯 2 上的阻尼孔 e 作用于主阀阀芯 2 的下端，另一路经阻尼小孔 d 进入主阀阀芯 2 的上端，并经孔 b 和 a 作用于先导阀阀芯 8 的右端部。当进油口油压较低，作用在先导阀阀芯 8 上的油液压力不足以克服先导阀调压弹簧 6 的弹簧力时，先导阀关闭，主阀内没有油液流动，主阀阀芯 2 上、下两端的油压相等，在较弱的主阀弹簧 3 的作用下，主阀阀芯 2 处于最下端位置，溢流口封闭，阀不溢流。当进油口 P 的压力升高时，先导阀进油腔 a 处的油压也随之升高，直至达到先导阀弹簧 6 的调定作用力时，先导阀被打开，主阀阀芯 2 上腔处油液经先导阀阀口及阀体上的孔道 g，

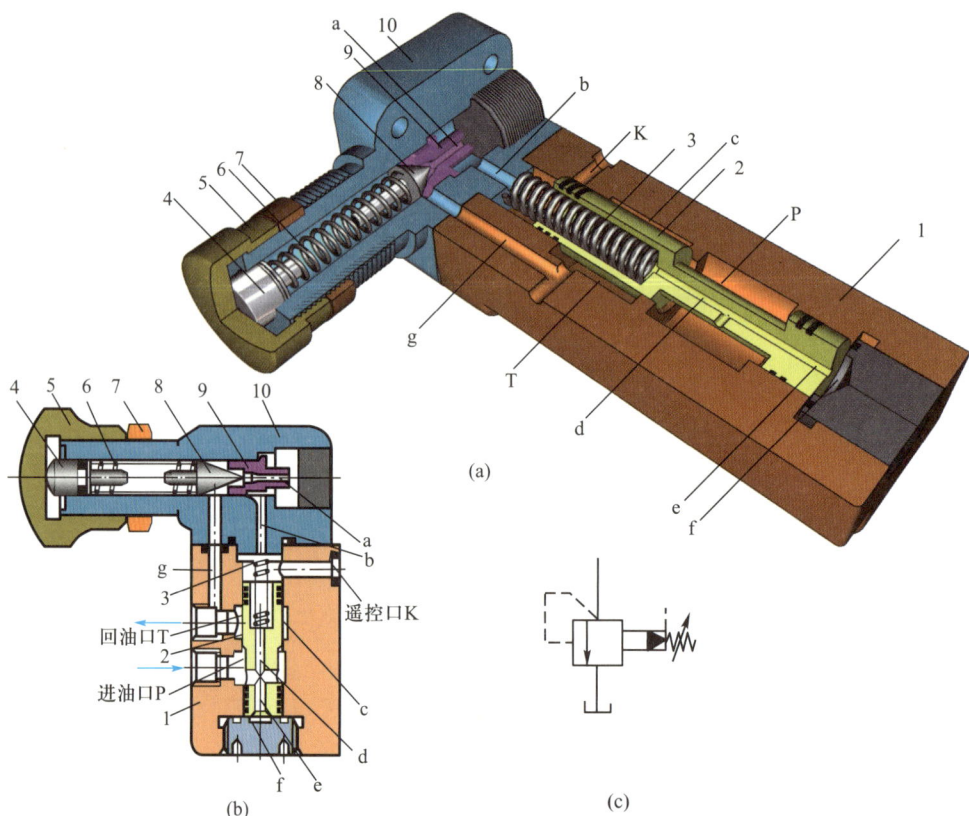

(a)

(b)　　　　(c)

1—主阀阀体；2—主阀阀芯；3—主阀弹簧；4—调节杆；5—调节螺母；6—先导阀调压弹簧；
7—锁紧螺母；8—先导阀阀芯；9—先导阀阀座；10—先导阀阀体

图 5-15　Y 型（先导型）中、低压溢流阀

由回油口 T 流回油箱。主阀阀芯 2 上腔的油液则经过阻尼小孔 d 流动，由于小孔的阻尼作用，液压油流经阻尼小孔 d 时会产生压降，主阀阀芯 2 上端的油压将小于下端的油压，使主阀阀芯上、下两端产生压差，主阀阀芯 2 在此压差下所产生的作用力超过主阀弹簧 3 的弹簧力时，主阀阀芯 2 上移，打开溢流口，主阀进、回油口连通，油液从 P 口流入，经主阀阀口由回油口 T 流回油箱，实现溢流稳压的作用。通过调节螺母 5 调节先导阀调压弹簧 6 的预压缩量，就可调节溢流阀的溢流压力。更换先导阀的弹簧刚度，便可得到不同的调压范围。

先导型溢流阀定压精度高，灵敏度不如直动型溢流阀高，常用在压力较高或流量较大的场合。

先导型溢流阀有一个遥控口 K，它与主阀上腔连通（不用时堵住），若将 K 口与其他控制阀接通，就可以实现各种控制功能：① 当 K 口通过二位二通电磁换向阀与油箱接通时，可用先导型溢流阀实现系统卸荷；② 当 K 口与远程调压阀（结构和先导阀一样）接通时，调节远程调压阀的弹簧力，即可调节溢流阀主阀阀芯上端的油液压力，从而对溢流阀的溢流压力实现远程控制，此时远程调压阀的调定压力应小于先导阀的调定压力；③ 当 K 口通过电磁换向阀外接多个远程调压阀时，可实现多级调压。

3. 溢流阀的应用

溢流阀的主要用途有：

1）如图 5-16a 所示，溢流阀起溢流稳压作用，液压泵排出的流量大于通过节流阀进入液压缸的流量时，多余的油液可持续通过溢流阀流回油箱，溢流阀维持液压泵出口压力大致恒定（等于其调定值）。

2）如图 5-16b 所示，溢流阀起过载保护作用，液压系统正常工作过程中，溢流阀处于关闭状态；如果由于某种原因（如设备过载，或者液压缸的活塞移动到限定位

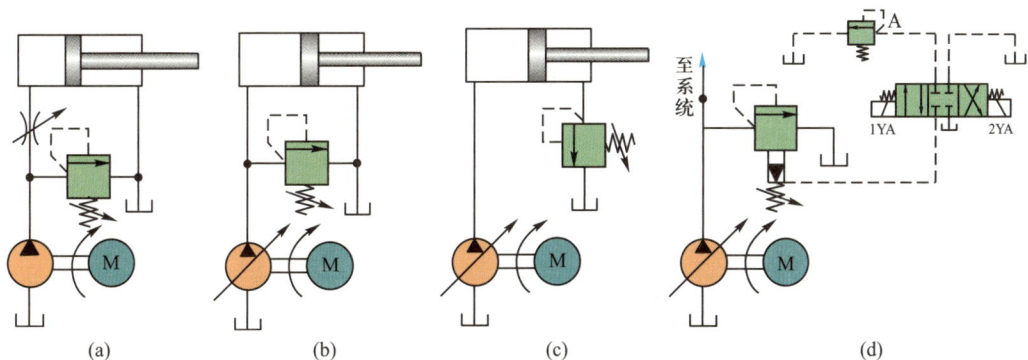

图 5-16　溢流阀的应用

置，液压泵输出的油液无处可走）系统压力过高，溢流阀开启，使部分油液流走，以保护系统中的元件及管道，也可避免原动机由于负载过大而停车。几乎每个液压系统都要用到该作用。

3）如图 5-16c 所示，溢流阀作背压阀使用，接在执行元件的回油路上，产生一定的回油阻力，以改善执行元件的运动平稳性。

4）如图 5-16d 所示，溢流阀可实现多级调压、卸荷；也可用管道将阀 A 接至调节方便的地方，实现远程调压。其中最大压力一定要设定在主溢流阀上。

【例题 5-1】　图 5-17 所示两系统中溢流阀的调定压力分别为 p_A=4 MPa、p_B=3 MPa、p_C=2 MPa，当系统外负载为无穷大时，液压泵的出油口压力各为多少？图 a 所示系统中的溢流量是如何分配的？

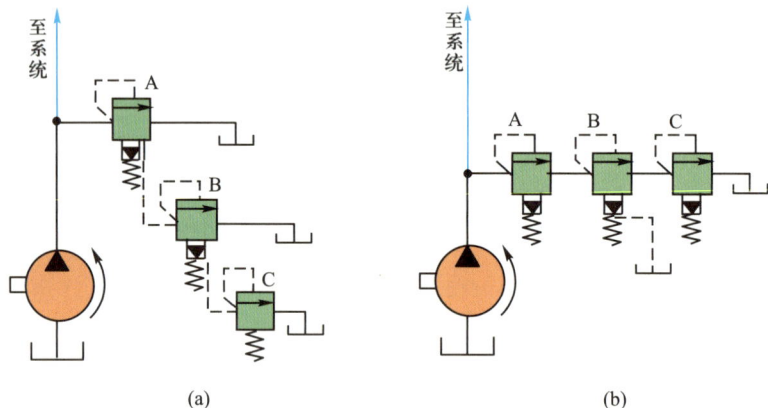

图 5-17　例题 5-1 图

解：（1）图 5-17a 所示系统中，泵的出油口压力 p_P 为 2 MPa。因为 p_P=2 MPa 时溢流阀 C 开启，一小股压力为 2 MPa 的液流从阀 A 遥控口经阀 B 遥控口和阀 C 流回油箱，所以阀 A 和阀 B 主阀口均被打开。但大量油液从阀 A 主阀口溢流回油箱，而从阀 B 和阀 C 流走的仅为很小一股液流，且 $q_B > q_C$。

（2）图 5-17b 所示系统中，当外负载为无穷大时泵的出油口压力 p_P 为 6 MPa。因为该系统中阀 B 遥控口接油箱，阀口全开，相当于一个通道，泵的工作压力由阀 A 和阀 C 决定，即 p_P=p_A+p_C=4 MPa+2 MPa=6 MPa。

知识链接

生命的"地下钢铁长城"——液压支架

1964 年，郑州煤矿机械厂大院里气氛严肃，十几名技术人员面前摆着一份准备上报煤炭部的报告。总工程师周崇稳，在液压支架研制项目栏边，坚定地写下了两个字——"争取"，正是"争取"这两个字，使中国煤炭机械化开采走上了自主创新之路。

新中国成立初期，煤炭开采还停留在"镐挖筐背"的阶段。工业发展需要大量的煤炭，实现高效、安全地采煤，开发机械化开采技术已经刻不容缓。

1964年10月，试制第一台国产液压支架的任务在总工程师周崇稳的争取下，交给了郑州煤矿机械厂。当时很多试制人员连液压支架产品都没见过，为了改变煤炭工业落后的面貌，工人们从空白中摸索起步。

试制液压支架的一个难点是安全阀，这个巴掌大小的零件直接影响液压支架强度与安全系数。安全阀的生产过程对精度要求非常高，阀座内孔椭圆度仅为正常头发粗细的三十分之一。而当时国内找不到生产所需的高精度设备，绝大多数样品均以失败告终。

"干新产品就是干革命！"周崇稳带领试制小组在一次次的失败中，总结和积累经验。他们将铸铁棒研磨成圆弧形的密封面，钢球等零件的光洁度不够，就用手工珩磨。最终，安全阀的测试寿命由最初的10多次提高到了500余次。安全阀的试制、攻关、组装经历了66个日夜，而整台样机涉及200多个部件、600多个零件，每一个零件都经历了这样从无到有的过程。1964年12月24日，期盼已久的时刻终于来到，组装后的设备经初步运转试验，性能质量完全符合预期，中国终于有了自己的煤矿液压支架（图5-18）。中国的煤矿工人，也有了生命的保护伞。首台煤矿液压支架试制成功，点燃了中国煤炭开采机械化征程的星星之火。

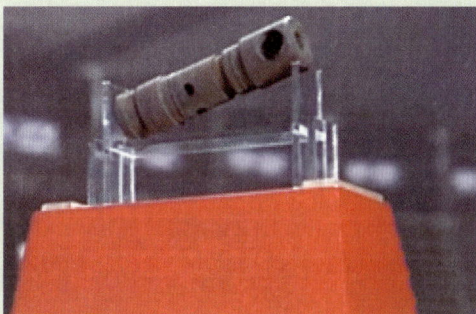
图5-18　中国第一台煤矿液压支架核心

花钱可以买产品，但是真正的核心技术是买不来的！一代又一代的郑煤机人不断探索，不断寻求突破，在世界液压支架研发和制造方面取得了绝对优势。6.5 m，7 m，8 m……支护高度和安全性能的记录不断被刷新，这不是简单的高度改变，而是材料、工艺、精度和设计的飞跃。采高每增加1 m，都会带来开采量百万吨级的增长。2018年，高达8.8 m的液压支架顶起了"世界第一高"的综采工作面。

历经多年的发展和沉淀，郑州煤矿机械厂将民族品牌打磨得愈发耀眼。

如今，更加智能、更加绿色、更加安全的煤炭开采时代已经到来。振兴民族装备制造业，为中华民族伟大复兴的中国梦，再立新功！

二、减压阀

在液压系统中，往往一个液压泵需要同时向几个执行元件供油，而各执行元件所需的工作压力不尽相同。若某个执行元件所需的工作压力比液压泵的供油压力低，则可在其分支油路上串联一个减压阀来获得所需压力的大小。

减压阀按结构分为直动型和先导型两种；按功能分为定值、定差和定比 3 种。定值减压阀应用广泛，简称为减压阀。本书仅介绍定值减压阀。

1. 减压阀的结构和工作原理

（1）结构

图 5-19 所示为 J 型（先导型）减压阀，P_1 为进油口，P_2 为出油口，它在结构上与 Y 型溢流阀类似，也由先导阀和主阀组成，先导阀用于调压，主阀用于主油路的减压；不同之处是进、出油口与 Y 型溢流阀相反，阀芯的形状也不同，减压阀阀芯中间多一个凸肩。此外，由于减压阀的进、出油口都通压力油，所以通过先导阀的油液必须从泄油口 L 处另接油管，然后引入油箱（称为外部回油）。

（2）工作原理

高压油经进油口 P_1 流入，经缝隙后流至出油口 P_2，同时出油口 P_2 的液压油经主阀阀芯 2 上的小孔 a 作用在主阀阀芯的底部，并经阻尼小孔 c 至主阀阀芯上腔，作用在先导阀阀芯 5 上。当出油口 P_2 的油液压力低于先导阀调压弹簧 6 的调定压力时，先导阀关闭，主阀阀芯上阻尼小孔 c 中的油液不流动，主阀阀芯上、下两腔压力相等，这时主阀阀芯在主弹簧 3 作用下处于最下端位置，阀口处于最大开口状态，不起减压作用。当出油口 P_2 的油液压力超过先导阀调压弹簧的调定压力时，先导阀打开，一小部分油液经阻尼小孔 c、先导阀和泄油口 L 流回油箱。由于阻尼小孔 c 的作用，在主阀阀芯上、下两端产生压差，主阀阀芯在两端压差的作用下，克服主阀阀芯弹簧阻力而向上移动，阀口关小而起到减压作用，此时出油口的压力即为减压阀的调定压力。若外负载继续增加，出油口的压力大于调定压力的瞬间，主阀阀芯立即上移，使阀口的开度迅速减小，油液流动的阻力进一步加大，出油口压力便自动下降，恢复为原来的调定值。

阀的调定压力取决于先导阀调压弹簧预紧力的大小。调整调节螺母，改变先导阀调压弹簧的预紧力，进而达到改变调定压力的目的。当减压阀出口压力低于调定压力值时，阀保持完全开启状态，不减压；一旦减压阀出口压力超过调定值时，主阀阀芯克服弹簧力移动，关小乃至完全关闭阀口，以限制阀出口压力基本不超过调定值。

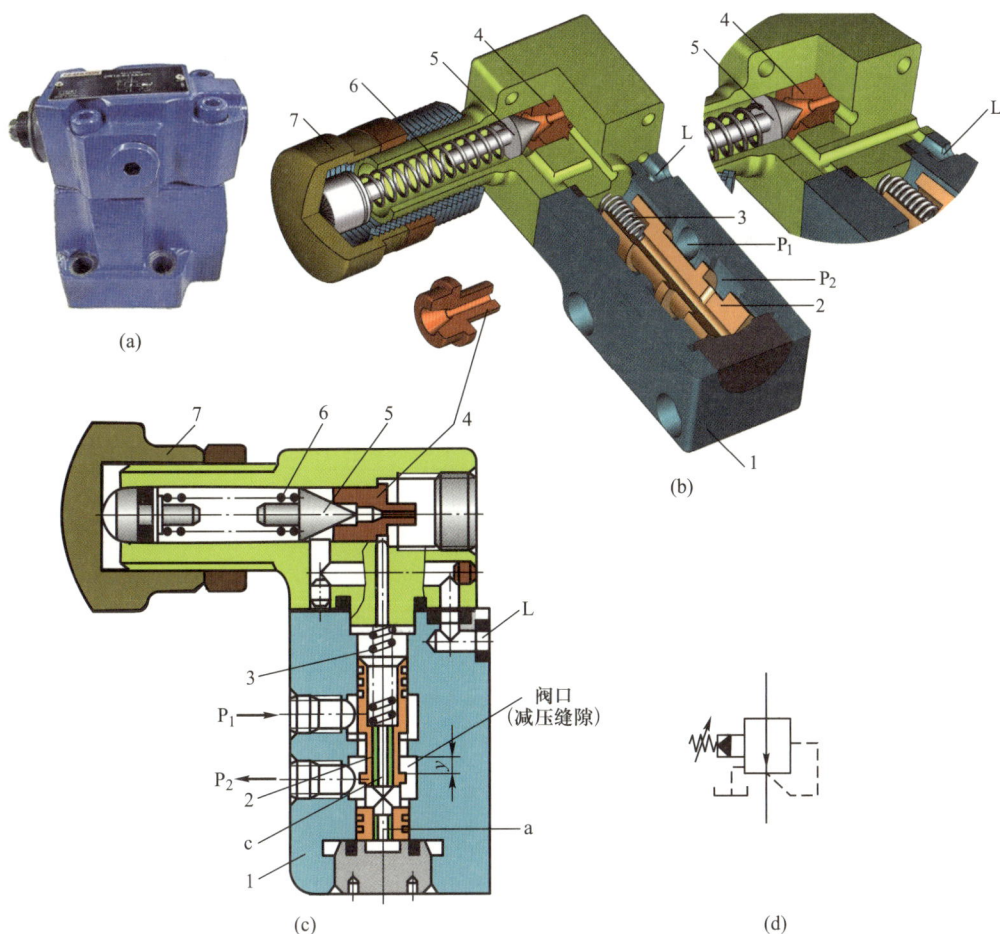

(a)

(b)

(c)

(d)

阀口
（减压缝隙）

P_1

P_2

1—主阀阀体；2—主阀阀芯；3—主弹簧；4—先导阀（锥）阀座；5—先导阀阀芯；

6—先导阀调压弹簧；7—调节螺母

图 5-19　J 型（先导型）减压阀

2．减压阀的应用

1）降低液压泵输出的油液压力：在液压系统中，若某一支路所需工作压力低于液压泵的供油压力，可在该支路上串联一个减压阀来获得比系统压力低而稳定的压力油，如控制回路、润滑油路、定位夹紧回路等。

2）稳定压力：减压阀输出的二次压力比较稳定，供给执行元件工作可以避免一次压力波动对它的影响。

3）与单向阀并联实现单向减压：单向减压阀在系统中的功用是油液正向流动时减压，反向流动时减小阻力。

4）远程减压：减压阀遥控口 K 接远程调压阀可以实现远程减压，但远程调压阀调定的压力应在主减压阀调定的范围之内。

一般减压阀调定的最高值，要比系统中控制主回路压力的溢流阀低 0.5～1 MPa。

【例题 5-2】 如图 5-20 所示，一水平放置的液压缸推一重物，溢流阀调定压力 p_y=5 MPa，减压阀调定压力 p_j=3.5 MPa，活塞有效工作面积 A=20×10^{-4} m²，减压阀全开时的压力损失及管路损失忽略不计，活塞伸出时，试求：（1）当摩擦力 F=1 000 N，活塞在运动时和到达行程终点时，A、B 两点的压力。（2）当摩擦力 F=8 000 N 时，A、B 两点的压力。

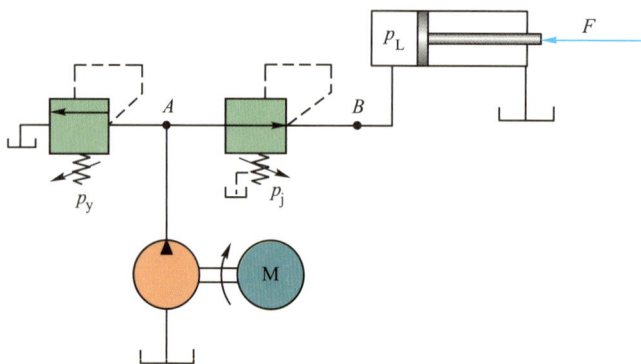

图 5-20 例题 5-2 图

解：（1）活塞运动时，作用在活塞上的工作压力为：

$$p_L = \frac{F}{A} = \frac{1\,000\ \text{N}}{20\times10^{-4}\,\text{m}^2} = 0.5\ \text{MPa}$$

因作用在活塞上的工作压力相当于减压阀的出油口压力，且小于减压阀的调定压力，故减压阀不起减压作用，减压阀口全开，此时 A、B 两点的压力为：

$$p_A = p_B = p_L = 0.5\ \text{MPa}$$

（2）活塞到达行程终点时，减压阀起减压作用，作用在活塞上的工作压力 p_L 增加至减压阀调定压力，此时 A、B 两点的压力是：

$$p_A = p_y = 5\ \text{MPa}\ ，\quad p_B = p_j = 3.5\ \text{MPa}$$

（3）当摩擦力 F=8 000 N 时，活塞要想运动所需的工作压力为：

$$p_L = \frac{F}{A} = \frac{8\,000\ \text{N}}{20\times10^{-4}\,\text{m}^2} = 4\ \text{MPa}$$

因为减压阀的调定压力 $p_j < p_L$，故减压阀阀口关闭，减压阀出油口压力最大为 3.5 MPa，无法推动活塞，所以，A、B 两点的压力分别为：

$$p_A = p_y = 5\,\text{MPa}\,, \quad p_B = p_j = 3.5\,\text{MPa}$$

三、顺序阀

顺序阀用来控制液压系统中各执行元件动作的先后顺序。根据控制压力方式的不同，顺序阀分为内控式和外控式两种。顺序阀也有直动型和先导型两种，前者一般用于低压系统，后者用于中、高压系统。

1. 顺序阀的工作原理

图 5-21 所示为直动型顺序阀的典型结构、工作原理及图形符号。图 5-21b 所示为内控外泄式顺序阀，用阀的进油口压力控制阀芯的启闭，当进油口压力较低，作用在阀芯下端向上的油液作用力小于弹簧的预紧力时，阀芯在弹簧作用下处于下端位置，进、出油口不相通。当作用在阀芯下端向上的油液作用力大于弹簧的预紧力时，阀芯向上移动，阀口打开，进、出油口相通，油液便经阀口从出油口流出，从而操纵另一执行元件或其他元件动作。顺序阀的结构与溢流阀的结构相似，所不同的是溢流阀的出油口直接与油箱相通，而顺序阀的出油口则接下一级液压元件，即顺序阀的进、出油口都通压力油，所以它的泄油口 L 要单独引回油箱（外泄式）。

图 5-21c 所示为外控外泄式顺序阀（即液控顺序阀），其和内控外泄式顺序阀的差别在于其下部有一控制油口 K，阀芯的启闭是利用通入控制油口 K 的外部控制油来控制的。

图 5-21d 所示为外控内泄式顺序阀，当顺序阀的出油口直接连向油箱时，泄漏油液可以通过阀体上的通道连到出油口。

2. 顺序阀的应用

顺序阀相当于一个液控开关阀，可根据控制油口的压力变化来接通或关闭进、出油口之间的油路。其用途主要有以下几点（详见项目六）：

1）控制多个液压元件的顺序动作；

2）防止因自重引起液压缸活塞自由下落而作平衡阀用；

3）用外控式顺序阀作卸荷阀用，使泵卸荷；

4）用内控式顺序阀作背压阀用。

（a）典型结构

（b）内控外泄式　　　　　　（c）外控外泄式　　　　　　（d）外控内泄式

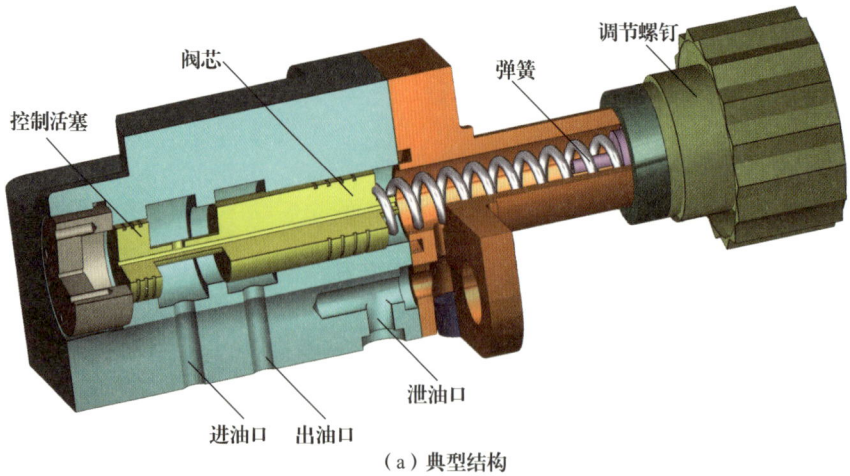

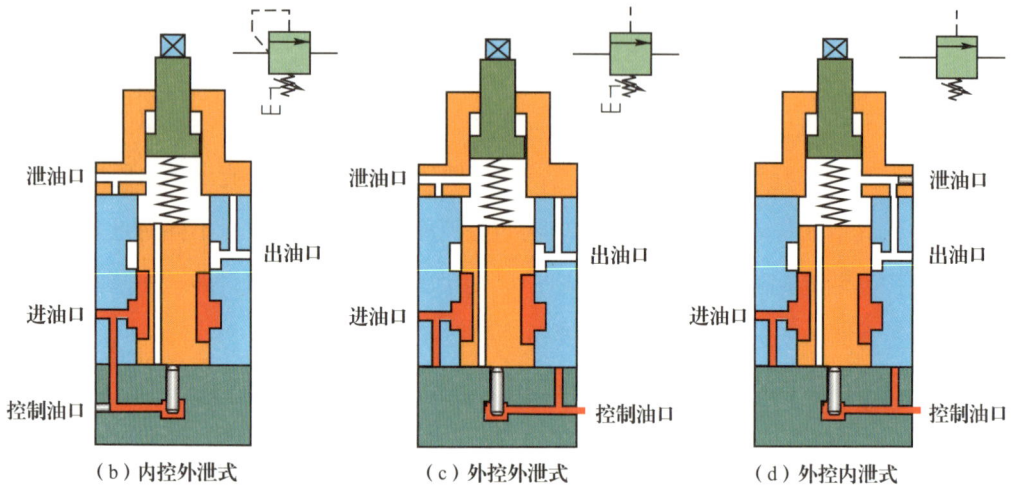

图 5-21　直动型顺序阀的工作原理及图形符号

AR
直动型顺
序阀

四、压力继电器

压力继电器是一种将液压系统油液的压力信号转换为电信号输出的液－电转换元件。当液压系统中油液压力达到压力继电器的调定压力时，将发出电信号，控制电气元件动作，实现液压系统的程序控制和起安全保护作用。

压力继电器一般由压力－位移转换部件和微动开关两部分组成，按其结构特点可分为柱塞式、弹簧管式、膜片式和波纹式 4 种形式，其中柱塞式压力继电器最为常用。图 5-22 所示为柱塞式压力继电器，当压力继电器下端进油口通入的油液压力达到调定压力值时，将推动柱塞 1 上移，此位移通过杠杆 2 推动开关 4 动作。改变弹簧 3 的预压缩量即可调节压力继电器的动作压力。

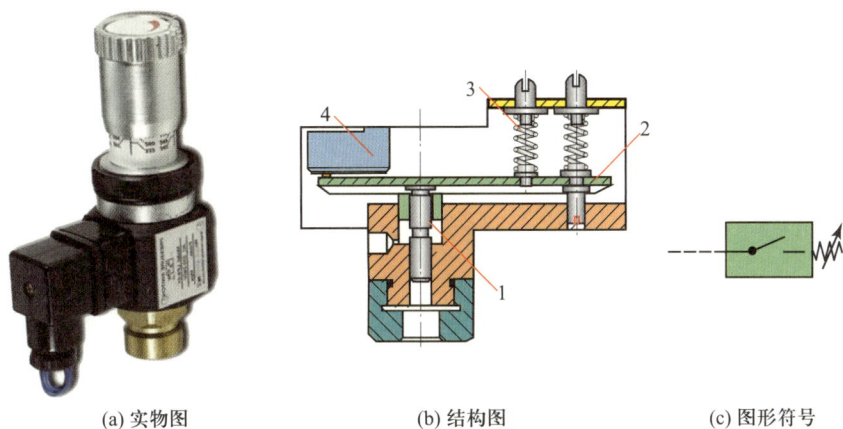

(a) 实物图　　　　　(b) 结构图　　　　　(c) 图形符号

1—柱塞；2—杠杆；3—弹簧；4—开关

图 5-22　柱塞式压力继电器

任务三

流量控制阀

液压系统中执行元件的有效工作面积一定时，其运动速度将取决于输入执行元件的流量。改变阀口通流面积来调节通过阀口的流量，进而控制执行元件运动速度的控制阀称为流量控制阀。流量控制阀主要有节流阀和调速阀等。

一、节流阀的节流口形式

节流阀的节流口通常有三种基本形式：薄壁小孔、短孔和细长小孔。为保证流量稳定，节流口的形式以薄壁小孔较为理想。图 5-23 所示为常用的节流口形式。

二、节流阀的结构原理

图 5-24 所示为 L 形节流阀，其为一种普通节流阀。液压油从进油口 P_1 流入，经过节流阀阀芯和阀体组成的节流口，再从出油口 P_2 流出。调节手柄 3，即可通过推杆 2 使阀芯 1 做轴向移动，以改变节流口的通流截面面积来调节流量。阀芯在弹簧作用下始终贴紧在推杆上。这种节流阀的进、出油口可以互换。

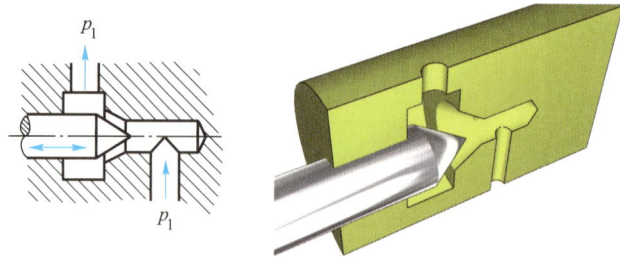

(a) 针阀式

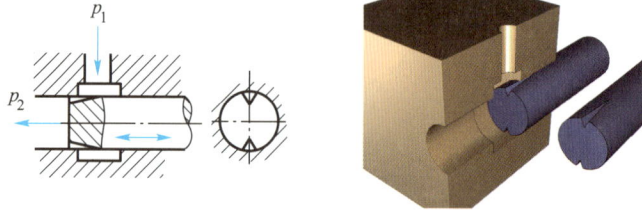

(b) 轴向三角槽式

图 5-23 常用的节流口形式

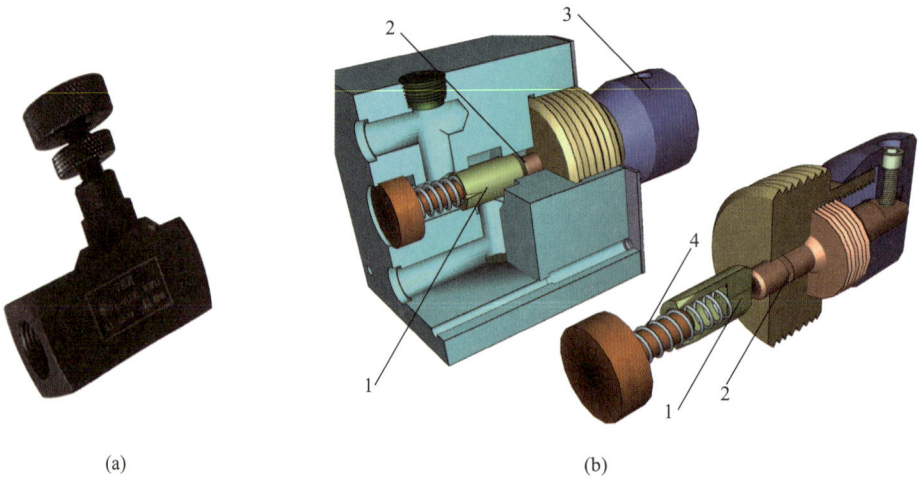

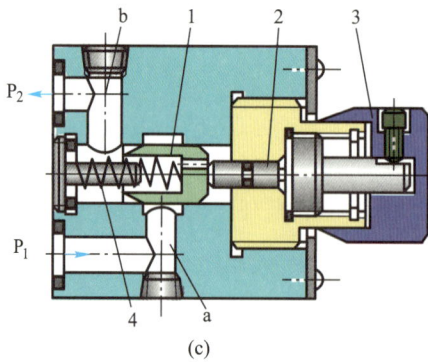

(a)

(b)

AR

L 形节流阀

(c)

(d)

1—阀芯；2—推杆；3—手柄；4—弹簧

图 5-24 L 形节流阀

由液体流经小孔的流量公式 $q=KA\Delta p^m$ 可知，液压油通过节流阀的流量不仅与节流口的大小有关，还与节流阀进、出油口压差 Δp 有关。当外负载变化时，$\Delta p=p_1-p_2$ 将发生变化，通过节流阀的流量随之变化，从而影响执行元件速度的稳定性。因此，节流阀只适用于外负载变化不大和速度稳定性要求较低的液压系统。

三、调速阀

调速阀是在节流阀前串联一定差减压阀而成的组合阀。节流阀用以调节阀的输出流量，减压阀能使节流阀前后的压差 Δp 不随外负载的变化而变化，基本保持定值，从而使通过阀的流量达到稳定。

图 5-25 所示为调速阀，液压泵出油口（调速阀进油口）压力 p_1 由溢流阀调整基本不变，而调速阀出油口压力 p_3 则由液压缸外负载 F 决定。油液先经减压阀产生一次压力降，将压力由 p_1 降为 p_2，p_2 经通道 e、f 作用到减压阀的 d 腔和 c 腔；节流阀出油口压力 p_3 经反馈通道 a 作用到减压阀的上腔 b，减压阀阀芯在弹簧力 F_s、油液压力 p_2 和 p_3 作用下处于某一平衡位置。

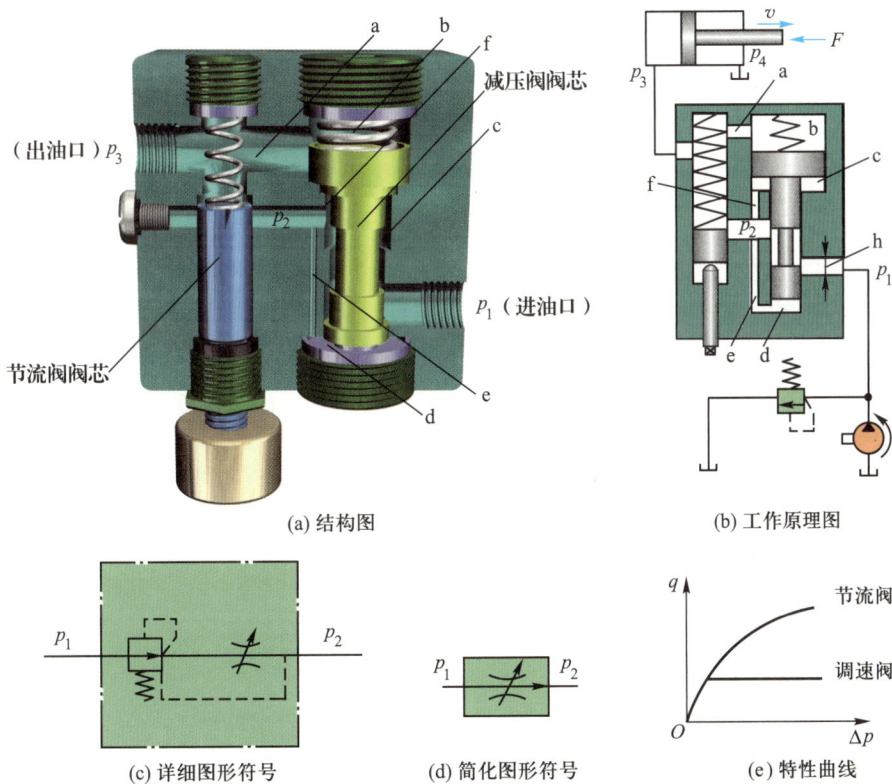

(a) 结构图　　　(b) 工作原理图

(c) 详细图形符号　　　(d) 简化图形符号　　　(e) 特性曲线

图 5-25　调速阀

当调速阀出油口压力 p_3 因外负载增加而增大时，作用在减压阀阀芯上端的油液压力随之增大，阀芯失去平衡而下移，减压阀开口 h 变大，减压作用减弱，p_2 也随之升高，直到阀芯在新的位置上达到平衡为止。故当 p_3 增加时，p_2 也随之升高，维持节流阀前后的压差 $\Delta p = p_2 - p_3$ 基本不变。当外负载减小时，情况相似。当调速阀进油口压力 p_1 增大时，由于一开始减压阀阀芯来不及运动，液阻没有变化，故 p_2 在这一瞬间也增加，阀芯失去平衡而上移，使减压阀开口 h 减小，液阻增大，又使 p_2 减小，故节流阀前后的压差 $\Delta p = p_2 - p_3$ 仍保持不变。总之，不管调速阀进、出油口压力如何变化，调速阀内节流阀前后的压差 $\Delta p = p_2 - p_3$ 始终保持不变，从而保持流量的稳定。

调速阀具有方向性，注意不要装反。调速阀在压差大于一定数值后，流量基本上保持恒定。当压差很小时，由于定差减压阀阀芯被弹簧推至最下端，减压阀阀口全开，不起减压作用，故这时调速阀的性能与节流阀相同。因此，为使调速阀正常工作，就必须有一最小压差，在一般调速阀中为 0.5 MPa，高压调速阀中约为 1 MPa。

任务四

其他控制阀

一、叠加阀

以叠加方式连接的液压阀称为叠加阀，这种阀具有板式液压阀的功能，其分类与一般液压阀相同，分为压力控制阀、流量控制阀、方向控制阀三类，其中方向控制阀仅有单向阀类，换向阀不属于叠加阀。换向阀在叠加阀系统中既起到换向阀的作用，又起到顶盖的作用。叠加阀的工作原理与前述的一般液压阀基本相同，但在结构和连接方式上有其特点，因而自成体系。

叠加阀的外观图如图 5-26 所示。

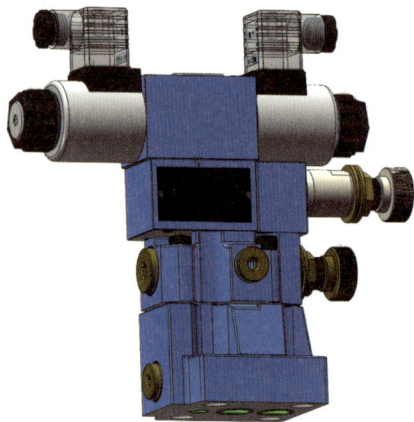

图 5-26　叠加阀的外观图

二、插装式锥阀

插装式锥阀又称插装式二位二通阀，在高

压大流量的液压系统中应用很广，由于插装元件已标准化，将几个插装元件组合一下便可组成复合阀。插装式锥阀按功能可分为插装式压力控制阀、插装式流量控制阀和插装式方向控制阀。与普通的液压阀相比，其具有通流能力大、密封性能好、阀芯动作灵敏、抗堵塞能力强、功率损失小、易于实现集成化等优点，在高压、大流量的液压系统中应用很广。

图 5-27 所示为插装式锥阀。插装式锥阀由锥阀组件（阀套 2、弹簧 3 和锥阀 4）、集成块 5 和盖板 1 组成，对外有两个主油路口 A、B 和一个控制油口 C。锥阀组件插装在集成块 5 的孔内，起主油路通断作用，盖板 1 上设有对锥阀的启闭起控制作用的通道等，锥阀组件上配置不同的盖板，就能实现各种不同的功能。同一集成块内可装入若干个锥阀组件，加上相应的盖板和控制元件组成所需的液压回路或系统，使结构紧凑、集成化。

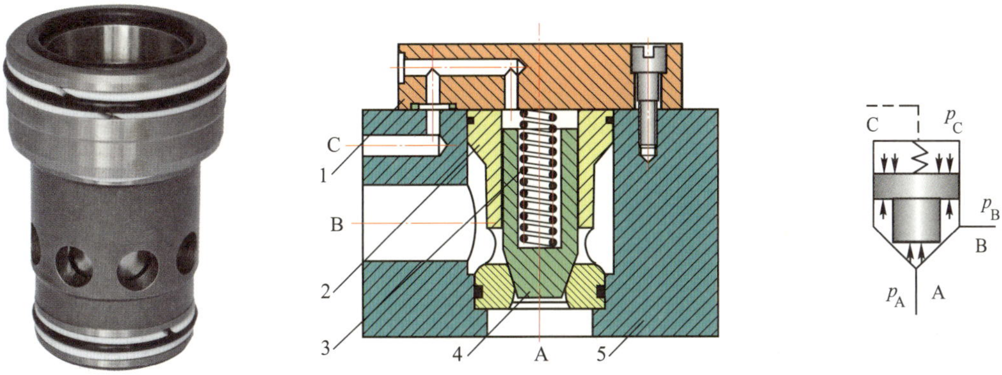

(a) 实物图　　　　　　(b) 结构图　　　　　　(c) 图形符号

1—盖板；2—阀套；3—弹簧；4—锥阀；5—集成块

图 5-27　插装式锥阀

设油口 A、B、C 的油液压力及有效工作面积分别为 p_A、p_B、p_C 和 A_A、A_B、A_C，其面积关系为 $A_C = A_A + A_B$，弹簧力为 F_S（弹簧刚度很小），若不考虑锥阀的质量、液动力和摩擦力等的影响，在 p_A、p_B、p_C 均为某一稳定值时，锥阀口通断情况如下：① 当 $F_S + p_C A_C > p_A A_A + p_B A_B$ 时，锥阀闭合，A、B 油路不通；② 当 $F_S + p_C A_C < p_A A_A + p_B A_B$ 时，锥阀打开，A、B 油路导通。由以上分析可以看出，改变控制油口 C 的油液压力 p_C，可以控制 A、B 油口的通断。当控制油口 C 接油箱，p_C 为零时，阀芯下部的油液压力克服上部的弹簧力将锥阀阀芯打开，A、B 油路导通，其液流方向视 A、B 油口的压力大小而定。若 $p_A > p_B$，液流从 A 流向 B；若 $p_A < p_B$，液流从 B 流向 A。当控制油口 C 接液压油，且 $p_C \geq p_A$、$p_C \geq p_B$ 时，锥阀关闭，A、B 油路不通，此

时，锥阀相当于逻辑元件"非"门作用，所以插装式锥阀又称为逻辑阀。

插装式锥阀通过不同的盖板和各种插装元件进行不同组合，便可实现方向控制、压力控制、流量控制或复合控制功能。

三、液压伺服系统

1. 液压伺服系统的工作原理

如图 5-28 所示为一简单的液压系统，其用一个四通滑阀控制液压缸去推动外负载运动。若向右给阀芯一个输入位移量 x_i 时，滑阀移动某一开口量 x_v，此时，液压油进入缸右腔，缸左腔回油，由于液压缸活塞杆固定不动，在液压油的作用下缸体向右运动，输出位移 x_p，只要不给阀芯相反方向、大小相同的位移，液压缸缸体始终向右移动，直到走到终点。

若将滑阀的阀体与液压缸的缸体组合成一个整体，上述系统就构成一个简单的液压伺服系统，其原理如图 5-29 所示。伺服阀 1（在此系统中又称伺服滑阀或随动阀）和液压缸 2 组成液压驱动装置，伺服阀 1 控制流入液压缸 2 的流量、压力和液流方向，该系统又称为阀控式液压伺服系统。

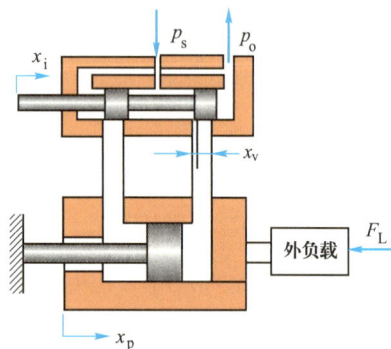

图 5-28　液压系统

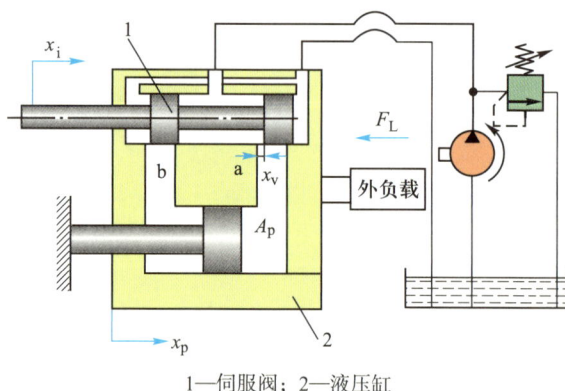

1—伺服阀；2—液压缸

图 5-29　液压伺服系统原理图

该系统的工作原理如下：当伺服阀处于中间位置时（零位，即没有信号输入，$x_i=0$），阀的 4 个阀口均关闭，阀没有流量输出，液压缸不动，系统的输出量 $x_p=0$，系统处于静止平衡状态。

若给伺服阀一个输入位移，例如，使阀芯向右移动 x_i，阀芯将偏离其中间位置，则节流口 a、b 便有一个相应的开口量 x_v（$x_v=x_i$），此时，液压油经 a 口进入液压缸右腔，左腔油液经 b 口回油，由于液压缸活塞杆固定不动，则液压油将推动缸体右移 x_p，由于缸体与阀体是一体的，因此阀体也右移 x_p，这样阀的开口量逐渐减小，即 $x_v=x_i-x_p$。当缸体位移 x_p 等于阀的输入位移 x_i 时，阀的开口量 $x_v=0$，即阀口重新关闭，此时输出流量等于零，液压缸停止运动，处在一个新的平衡位置，完成了液压缸输出位移对滑阀输入位移的跟随运动。同理，如果伺服阀反向运动，液压缸也反向跟随运动。

2. 液压伺服系统应用实例

在汽车上，为了减轻驾驶员操作转向盘的体力劳动，提高汽车的转向灵活性，常会采用转向液压助力器。图 5-30 所示为转向液压助力器的工作原理。它主要由液压缸和控制滑阀两部分组成。液压缸活塞 1 的右端通过铰链固定在汽车车架上，液压缸缸体 2 和控制滑阀阀体连在一起，形成负反馈，由转向盘 5 通过摆杆 4 使控制滑阀阀芯 3 移动。当缸体前后移动时，通过转向梯形机构 6 等可控制车轮向左或向右偏转，从而操纵汽车转向。

当控制滑阀阀芯 3 处于图 5-30 所示位置时，因液压缸左、右腔油液被封闭，因此缸体固定不动，汽车保持直线行驶。控制滑阀阀芯的这一相应位置通常称为平衡位

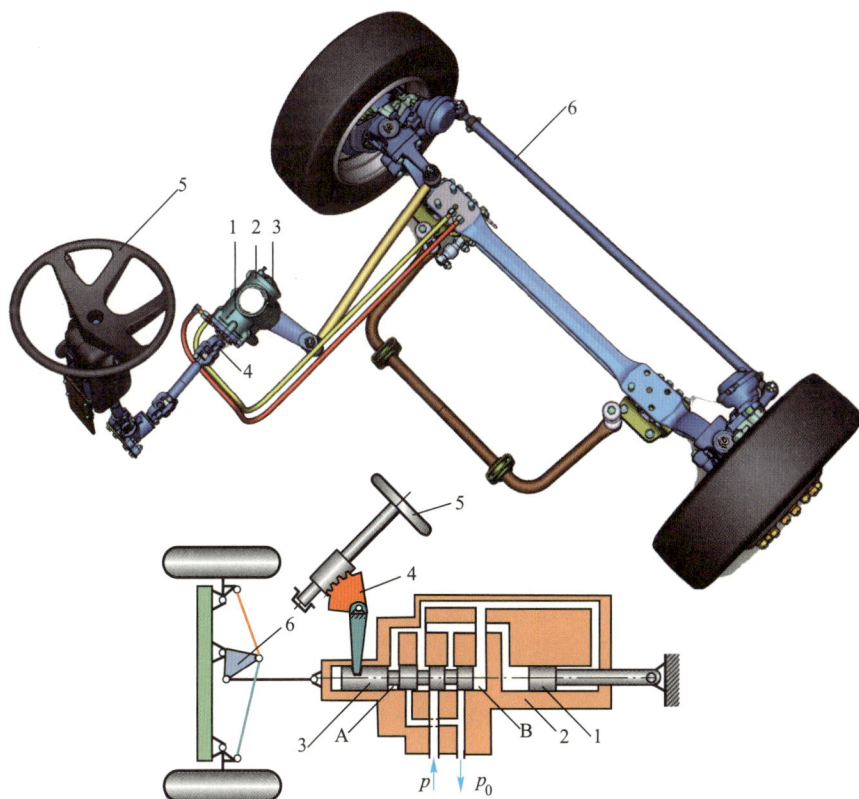

1—液压缸活塞；2—液压缸缸体；3—控制滑阀阀芯；4—摆杆；5—转向盘；6—转向梯形机构

图 5-30 转向液压助力器的工作原理

置。转向时，若逆时针方向转动转向盘，通过摆杆带动控制滑阀阀芯向右移动，则液压缸右腔进油，左腔回油，使液压缸缸体向右移动，带动转向梯形机构向逆时针方向摆动，使车轮向左偏转，实现向左转弯。与此同时，控制滑阀阀体将与液压缸缸体同向移动，即实现刚性负反馈，使阀体和阀芯重新恢复到平衡位置。因此，不断地转动转向盘，车轮便能随之不断地偏转。而转动转向盘的力仅是移动控制滑阀阀芯所需的力，所以操纵轻便。右转时的情况与左转类似。

为了使驾驶员操纵转向盘时能感觉到路面的好坏情况（即路感），在控制滑阀两端增加两个油腔 A、B，分别与液压缸左、右腔相通，这时，移动控制滑阀阀芯时所需的力和液压缸两腔的压差成正比，驾驶员操纵转向盘时就会感觉到转向阻力的大小。

习　题

5-1　画出液控单向阀的图形符号，试简述其工作原理。

5-2　用一个三位四通电磁换向阀控制液压缸的往复运动，换向阀处于中位时，若要求活塞停在任意位置且液压泵保持高压，应选择哪种中位机能？

5-3　中位机能为 P 型的三位四通换向阀处于不同位置时，可使单杆活塞缸实现快进—慢进—快退的动作循环。试分析：液压缸在运动过程中，如将换向阀切换到中间位置，此时缸的工况为何种情况。

5-4　弹簧对中型电液动换向阀中，先导阀的中位能不能选择 O 型？为什么？

5-5　溢流阀的进、出油口能否反接？若进、出油口接反，会出现什么情况？

5-6　调速阀在使用中，进、出油口能否反接？若进、出油口接反，会出现什么情况？

5-7　减压阀的进、出油口能否反接？若进、出油口接反，会出现什么情况？（分两种情况讨论：压力高于减压阀调定压力和低于减压阀调定压力）

5-8　识别并说明题 5-8 图中的图形符号所表示的阀的名称。

5-9　如题 5-9 图所示的液压系统中，各溢流阀的调定压力分别为 p_A=8 MPa、p_B=5 MPa、p_C=2 MPa，系统外负载趋于无限大，不计管道损失和调压偏差时：

（1）1YA 得电时，泵的工作压力为多少？

（2）2YA 得电时，泵的工作压力为多少？

（3）1YA、2YA 均不得电时，泵的工作压力为多少？

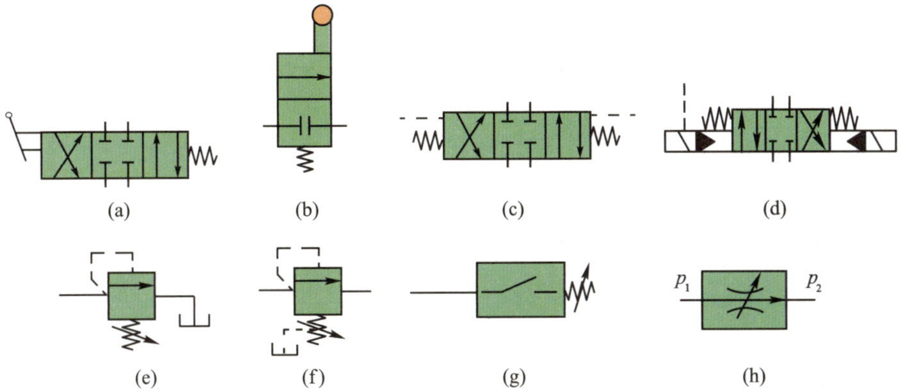

(a) (b) (c) (d)

(e) (f) (g) (h)

题 5-8 图

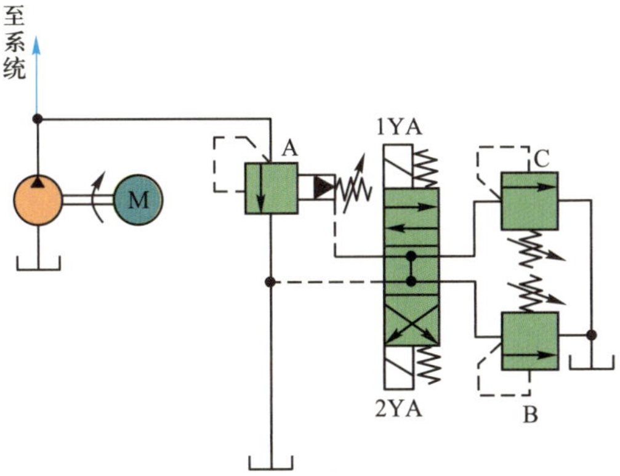

题 5-9 图

5-10 如题 5-10 图所示的液压系统中，溢流阀的调定压力 p_y=4 MPa，减压阀的调定压力 p_j=2.5 MPa。不计管道损失和调压偏差，试分析下列情况，并说明减压阀的阀口处于什么状态：

（1）夹紧缸在夹紧工件前做空载运动时，A、B、C 三点压力各为多少？

（2）夹紧缸夹紧工件后，主油路截止时，A、B、C 三点压力各为多少？

（3）夹紧缸夹紧工件后，当工作缸快进时，主油路压力降到 1.5 MPa，此时，A、B、C 三点压力又为多少？

5-11 如题 5-11 图所示的液压系统中，顺序阀与溢流阀串联，试分析下列情况下泵的出口压力是多少？

（1）顺序阀的调定压力为 p_x=4 MPa，溢流阀的调定压力为 p_y=5 MPa；

（2）顺序阀的调定压力为 p_x=4 MPa，溢流阀的调定压力为 p_y=3 MPa；

（3）在上述两种情况下，将两阀的位置对换。

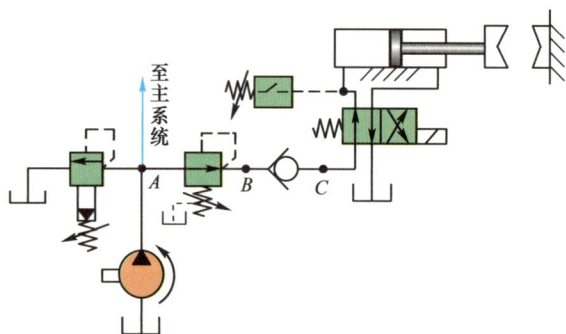

题 5-10 图

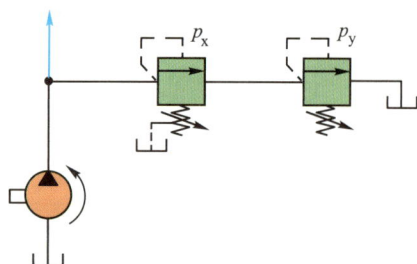

题 5-11 图

项目引入

　　机场配餐车是一种液压传动、剪式升降的车载式设备，用于飞机食品装卸服务。配餐车配餐作业时应有4个撑脚将车辆支撑起来，以此增加设备使用过程中的稳定性和抗倾覆性能；厢体升降时要平稳，速度要适中，以利于对飞机的保护。为了满足这些使用要求，该设备的液压系统就由控制撑脚液压缸、升降机液压缸往复运动的换向回路；控制升降机运动速度的速度控制回路；控制撑脚液压缸防止发生"软腿"的锁紧回路等基本回路组成。本项目将介绍这些基本回路是如何实现控制要求的。

学习目标

1. 了解方向控制回路的分类、组成和特点，掌握方向控制回路的作用、工作原理及应用场合。能够根据回路图，正确分析方向控制回路的传动过程。

2. 了解压力控制回路的分类、组成和特点，掌握压力控制回路的作用、工作原理及应用场合。能够根据回路图，正确判断由压力控制阀调节的被控支路的工作压力情况。

3. 了解速度控制回路的分类、组成和特点，掌握速度控制回路的作用、工作原理及应用场合。能够根据回路图，正确调节节流阀控制执行元件速度；能够根据回路图，正确判断速度换接情况。

4. 了解多缸控制回路的分类、组成和特点，掌握多缸控制回路的作用、工作原理及应用场合。能够根据回路图，正确判断各执行元件的动作先后关系。

机械设备的液压系统为完成各种不同的控制功能有不同的组成形式，有些液压系统甚至很复杂。但无论何种机械设备的液压系统，都是由一些基本回路组成的。所谓基本回路就是能够完成某种特定控制功能的液压元件和管道的组合。例如，用来调节液压泵供油压力的调压回路、改变液压执行元件工作速度的调速回路等都是常见的液压基本回路，所谓全局为局部之总和，熟悉和掌握液压基本回路的功能，有助于更好地分析、使用和维护各种液压系统。

任务一

方向控制回路

在液压系统中，方向控制回路的作用是利用各种方向控制阀来控制系统中各油路油液的接通、断开及变向，以便使执行元件启动、停止或变换运动方向。方向控制回路主要有换向回路和锁紧回路两类。

一、换向回路

采用二位四通、二位五通、三位四通或三位五通换向阀都可以使执行元件换向。

图 6-1 所示为换向回路，其中二位阀如图 6-1a 所示，阀处于右位时，液压缸活塞杆缩回；阀处于左位时，液压缸活塞杆伸出；因阀没有中位，所以在此回路中，活塞只能停留在液压缸的两端，不能停留在任意位置。三位阀有中位，可以使执行元件

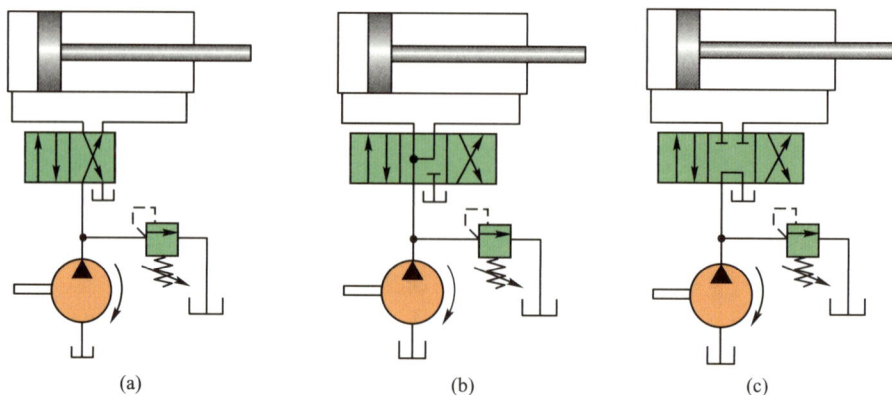

(a)　　　(b)　　　(c)

图 6-1　换向回路

在其行程中的任意位置停止，利用阀的不同中位机能可使系统获得不同的性能（如 P 型中位机能可使单杆活塞缸实现差动连接机能，如图 6-1b 所示；M 型中位机能可使执行元件停止和液压泵卸荷，如图 6-1c 所示）。五通阀有两个回油口，执行元件正、反向运动时，两回油路上可设置不同的背压。

各种操纵方式的换向阀都可组成换向回路，只是性能和应用场合不同。这些回路遍及本项目相关回路或系统中，在此不再赘述。

二、锁紧回路

为了使液压执行元件能在任意位置上停留；或者在停止工作时，切断其进、出油路，使之不因外力的作用而发生移动或窜动，准确停留在原定位置上，可以采用锁紧回路。

（1）采用换向阀中位机能为 M 型或 O 型的锁紧回路

采用中位机能为 M 型或 O 型的换向阀，当阀处于中位时，液压缸的进、出油口都被封闭，此时起到将液压缸活塞锁紧的作用。但由于换向阀存在较大的泄漏，锁紧功能较差，只适用于锁紧时间短，且要求不高的回路中。

（2）采用液控单向阀的锁紧回路

机场配餐车在执行配餐作业时，4 个支腿将车辆支撑起来，并可靠锁定，其支腿液压回路为采用液控单向阀的锁紧回路，如图 6-2 所示。当换向阀处于左位时，液压油经液控单向阀 A 进入液压缸有杆腔，同时液压油亦进入液控单向阀 B 的控制油口，打开阀 B，使液压缸无杆腔的回油可经阀 B 及换向阀流回油箱，液压缸活塞杆缩回。同理，当换向阀处于右位时，液压缸活塞杆伸出。当换向阀换到中位时，液控单向阀 A、B 控制油腔的油液通过换向阀的中位卸压，使液控单向阀 A、B 均反向截止，从而使液压缸双向锁紧。采用液控单向阀的锁紧回路，当换向阀处于中位时应能使液控单向阀的控制腔油液卸压（换向阀采用 H 型或 Y 型中位机能）。由于液控单向阀为锥阀式结构，所以该回路密封性好，泄漏极少，锁紧的精度主要取决于液压缸的泄漏情况。这种回路被广泛用于工程机械、起重运输机械等有锁紧要求的场合。

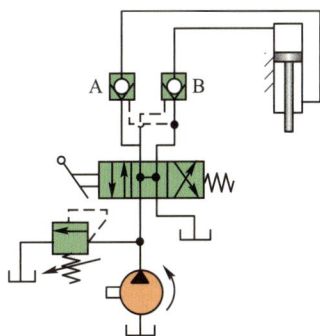

图 6-2　采用液控单向阀的锁紧回路

微课
采用液控单向阀的锁紧回路

任务二

速度控制回路

在液压系统中，速度控制回路有调节液压执行元件速度的调速回路、使之获得快速运动的快速回路、快速运动和工作进给运动之间及工作进给速度之间的速度换接回路等。

一、调速回路

在液压系统中，调速回路主要用来调节执行元件的工作速度。在不考虑油液压缩性和泄漏的情况下，液压缸的运动速度 v 由输入流量 q 和液压缸的有效工作面积 A 决定，即：$v=q/A$；液压马达的转速 n 由液压马达的输入流量 q 和液压马达的排量 V_m 决定，即：$n=q/V_m$。由此可知，要调节液压缸的速度 v 或液压马达的转速 n，可通过改变输入流量 q 或改变液压马达的排量 V_m 的方法来实现。调速回路主要有以下三种形式：

1）节流调速回路：用定量泵供油，用流量控制阀调节进入执行元件的流量，以实现速度调节。

2）容积调速回路：调节变量泵或变量马达的排量，以实现速度调节。

3）容积节流调速回路：变量泵和流量控制阀相互配合进行调速，又称联合调速。

1. 节流调速回路

节流调速回路的工作原理是通过改变回路中流量控制阀（节流阀和调速阀）通流截面的大小来控制流入执行元件或自执行元件流出的流量，从而调节执行元件的运动速度。根据流量控制阀在回路中的位置不同，节流调速分为进口节流调速、出口节流调速及旁路节流调速三种调速回路。

（1）进口节流阀式节流调速回路

进口节流阀式节流调速回路由定量泵、溢流阀、节流阀及执行元件等组成，节流阀串联在定量泵和执行元件之间。定量泵输出的油液一部分经节流阀进入执行元件工作腔，推动执行元件运动，另一部分多余油液经溢流阀排回油箱。由于溢流阀有溢流，泵的出油口压力就是溢流阀的调定压力并基本保持恒定（定压）。调节节流阀的通流面积，即可调节通过节流阀的流量，从而调节执行元件的运动速度。建筑砌块成型加工的建筑砌块生产线中，液压传动的砌块推板机用于自动将脱模后的砌块底板输送至取坯工位（叠板机）或运坯传送机上。砌块推板机中所用的进口节流阀式节流调速回路如图 6-3 所示，其中执行元件为单杆活塞缸 6，电磁换向阀 4 处于左位时，缸活塞杆伸出，活塞杆的运动速度由其进油路上的单向节流阀 5 调节。

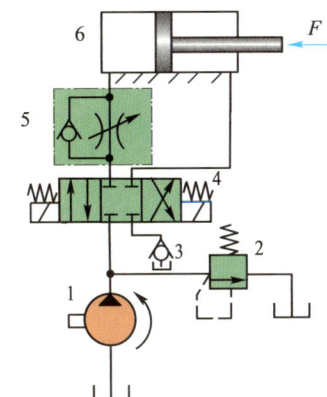

1—定量泵；2—溢流阀；3—单向阀；
4—电磁换向阀；5—单向节流阀；
6—单杆活塞缸

图 6-3　进口节流阀式节流调速回路

进油路节流调速回路具有以下几方面特点：

1）当外负载恒定时，液压缸的运动速度与节流阀通流截面面积成正比，调节节流阀通流截面面积可实现无级调速。

2）节流阀通流截面面积一定时，液压缸承受的外负载 F 增大，节流阀前后的压差 Δp 就降低，通过节流阀的流量就减少，液压缸的运动速度会随之降低；若外负载 F 减小，节流阀前后的压差 Δp 就增大，通过节流阀的流量就增加，液压缸的运动速度会随之提高。由于液压缸的运动速度随外负载的变化而变化，所以进口节流阀式节流调速回路不能保证液压缸运动速度的平稳性。

3）无论节流阀通流截面面积 A_T 为何值，只要外负载 $F=p_P A_1$（p_P 为液压泵的供油压力；A_1 为液压缸进油腔有效工作面积）时，节流阀两端的压差 Δp 即为零，活塞将停止运动，即该回路的最大承载能力值为 $F_{max}=p_P A_1$。

4）该调速回路的功率损失由两部分组成，即溢流损失和节流损失，故回路效率低。

综上所述：进口节流阀式节流调速回路适用于轻载、低速、外负载变化不大和对速度稳定性要求不高的小功率液压系统。

（2）出口节流阀式节流调速回路

出口节流阀式节流调速回路是将节流阀串联在执行元件的回油路上，借助于节流阀控制执行元件的排油量来实现速度调节的。定量泵输出的多余油液仍经溢流阀流回油箱，溢流阀可调整泵的出口压力基本稳定不变。某钢管加工厂的加厚芯棒旋转系统所用出口节流阀式节流调速回路如图 6-4 所示，其中执行元件为单杆活塞缸 5，电磁换向阀 3 处于左位时，缸活塞杆伸出，活塞杆的运动速度由其回油路上的单向节流阀

4 调节。出口节流阀式节流调速回路的特点与进口节流阀式节流调速相同。

（3）旁路节流阀式节流调速回路

旁路节流阀式节流调速回路是将节流阀安放在与执行元件并联的支路上。液压泵输出的压力油分成两路，一路进入执行元件，另一路经节流阀流回油箱。用节流阀调节从支路流回油箱的流量，进而控制进入执行元件的流量来达到调速的目的。在正常工作时，溢流阀不开启；只有当系统过载时，溢流阀才起过载保护作用。图 6-5 所示为执行元件为液压缸的旁路节流阀式调速回路。

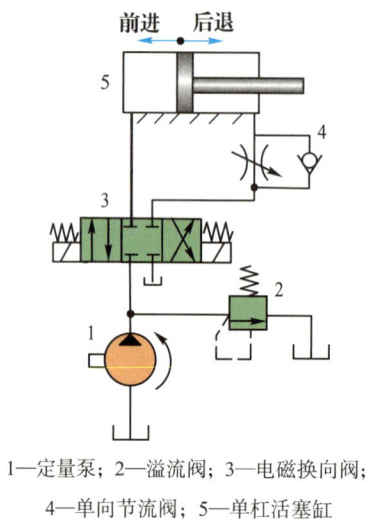

1—定量泵；2—溢流阀；3—电磁换向阀；
4—单向节流阀；5—单杠活塞缸

图 6-4　出口节流阀式节流调速回路

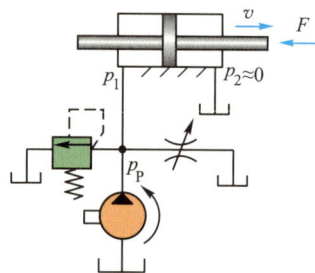

图 6-5　旁路节流阀式调速回路

（4）采用调速阀的节流调速回路

采用节流阀的节流调速回路，其节流阀两端的压差和液压缸速度都随外负载的变化而变化，故速度平稳性差。若用调速阀代替节流阀，由于调速阀本身能在外负载变化的条件下保持通过其的流量基本不变，因而可使回路的速度稳定性得到改善。

2. 容积调速回路

容积调速回路是用改变泵或马达的排量来实现调速的。主要优点是没有节流损失和溢流损失，因而效率高，油液升温小，适用于高速、大功率的调速系统。缺点是变量泵和变量马达的结构复杂，成本较高。

容积调速回路通常有三种基本形式：变量泵和定量执行元件的容积调速回路；定量泵和变量马达的容积调速回路；变量泵和变量马达的容积调速回路。

（1）变量泵和定量执行元件的容积调速回路

图 6-6 所示为变量泵和液压缸的容积调速回路，它由变量泵 1、液压缸 3 和起安

全作用的溢流阀 2 组成。改变变量泵的排量，即可调节液压缸活塞的运动速度。

图 6-7 所示为变量泵和定量马达的容积调速回路，回路由辅助油泵 1、溢流阀 2、单向阀 3、变量泵 4、溢流阀 5 和定量马达 6 组成。改变变量泵的排量 V_P，即可以调节变量马达的转速 n_m。溢流阀 5 起安全阀作用，用来限定主回路的最高压力，起过载保护作用；为了补偿变量泵 4 和定量马达 6 的泄露，增加了辅助油泵 1；辅助油泵 1 的工作压力由溢流阀 2 来调节；单向阀 3 用来防止停机时油液倒流入辅助油泵 1。辅助油泵 1 将冷却后的油液送入回路，溢流阀 2 将回路中多余的热油送入油箱冷却。

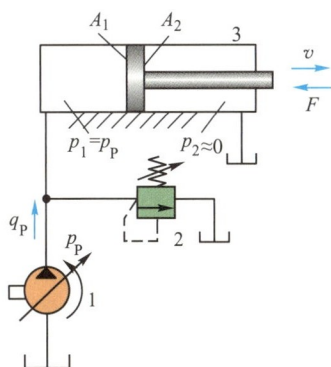

1—变量泵；2—溢流阀；3—液压缸

图 6-6　变量泵和液压缸的容积调速回路

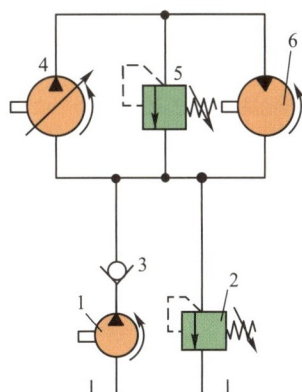

1—辅助油泵；2、5—溢流阀；3—单向阀；
4—变量泵；6—定量马达

图 6-7　变量泵和定量马达的容积调速回路

（2）定量泵和变量马达的容积调速回路

图 6-8 所示为定量泵和变量马达的容积调速回路。泵 4 为定量泵，马达 6 为变量马达。这种回路中，定量泵 4 的转速 n_P 和排量 V_P 均为常数；马达的转速 $n_m = \dfrac{q}{V_m}\eta_V$，故马达的转速 n_m 与马达排量 V_m 成反比，调节变量马达 6 的排量 V_m 可改变马达的输出转速，从而实现调速。马达的转矩 $T_m = \dfrac{\Delta p V_m}{2\pi}\eta_m$，故马达的转矩 T_m 与马达的排量 V_m 成正比，当马达排量 V_m 减小到一定程度，致使马达转矩 T_m 不足以克服外负载时，马达便停止转动。

这种回路调速范围很小，且不能用来使马达实现平稳的反向。

（3）变量泵和变量马达的容积调速回路

图 6-9 所示的容积调速回路由双向变量泵 1 和双向变量马达 8 组成。改变泵的供油方向，就可实现马达的正、反转，单向阀 2 和 3 用于使辅助油泵 10 能双向补油，单向阀 4 和 5 使溢流阀 9 在两个方向上都能对回路起过载保护作用，换向阀 6 与溢流阀

7 控制系统运行时低压侧的热油流回油箱。

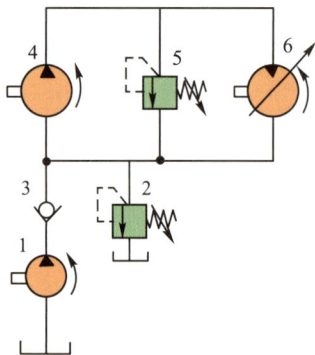

1—辅助油泵；2、5—溢流阀；3—单向阀；
4—定量泵；6—定量马达

图6-8　定量泵和变量马达的容积调速回路

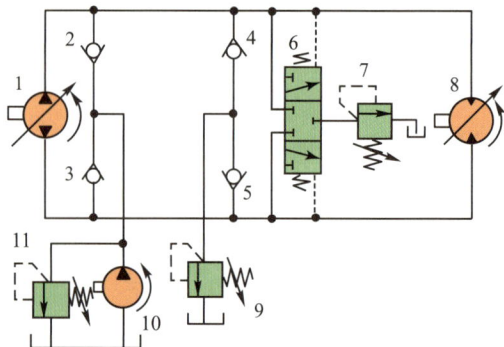

1—双向变量泵；2、3、4、5—单向阀；6—换向阀；
7、9、11—溢流阀；8—双向变量马达；10—辅助油泵

图6-9　变量泵和变量马达的容积调速回路

变量泵和变量马达的容积调速回路中马达转速的调节可分成低速和高速两段进行。在低速段，一般机械要求能输出较大的转矩，故使变量马达的排量调至最大，通过调节变量泵的排量来改变马达的转速。在高速段，一般机械要求能输出较大的功率，故将变量泵的排量调至最大后，通过调节变量马达的排量来改变马达转速。调节变量泵和变量马达的排量均可调节马达的转速，调速范围很大，等于泵调速范围和马达调速范围的乘积。这种回路的工作特性是上述两种回路工作特性的综合，适用于大功率的液压系统。

知识链接

世界最高效率的清筛机

铁路线路经长期使用，会使道床脏污、道砟破碎，道床失去弹性和排水性能，继而使得整个道床出现"板结"现象。当碎石、卵石道床的不洁程度按质量超过25%时，将进行必要的清筛。道砟清筛是将枕底至30～40 cm深范围内的脏污道砟挖出并进行筛分，筛分后的合格道砟回填到线路上，并补入部分新道砟构成洁净道床。

2017年3月21日，中国铁建高新装备股份有限公司与奥地利普拉塞·陶依尔公司联合开发生产的QS-1200Ⅱ全断面道砟清筛机通过试用评审，该设备是当时世界上作业效率最高、自动化程度最高、回填效果最佳的枕底清筛机，突破了我国铁路大修清筛的瓶颈。

以往依靠近千人花费一天才能完成的作业任务，如今1台QS-1200Ⅱ全断面道砟清筛机能够在1 h内完成。作业效率的提升可以减少大修作业时对线路的占用时间，减少对运输秩序的干扰，增加运输能力，降低人工成本。

清筛机的走行驱动液压系统采用了变量泵和变量马达的容积调速回路。变量泵、变量马达均可正反双向旋转工作。该调速回路具有较大的调速范围，其调速比可达 100 左右。

二、快速运动回路

在运动部件的工作循环中，往往只有部分工作时间要求有较高的速度。例如，机床的快进→工进→快退的自动工作循环。在快进和快退时，外负载轻，要求压力低、流量大；工作进给时，外负载大、速度低，要求压力高、流量小。采用快速运动回路，可以在尽量减少液压泵流量的情况下使执行元件获得所需的高速，提高系统的工作效率或充分利用功率。实现快速运动有多种结构方案，下面介绍几种常用的快速运动回路。

1. 液压缸差动连接的快速运动回路

图 6-10 所示为液压缸差动连接的快速运动回路。换向阀 2 处于右位工作时，液压缸差动连接，活塞杆伸出，于是液压缸 3 有杆腔排出的油液与液压泵 1 输出的油液合流进入无杆腔，即在不增加泵的流量的前提下增加了供给无杆腔的油液量，使活塞杆快速伸出。这种回路简单、经济，但液压缸的速度加快有限。需要注意，泵的流量和有杆腔排出的流量会合在一起流过阀和管路进入液压缸无杆腔，故阀和管路的规格应按合流流量来选择，否则会使压力损失过大、泵的供油压力过大，致使泵的部分液压油从溢流阀溢流回油箱而达不到差动快进的目的。

2. 蓄能器供油的快速运动回路

图 6-11 所示为蓄能器供油的快速运动回路。当系统停止工作时，液压泵 1 经单向阀 3 向蓄能器

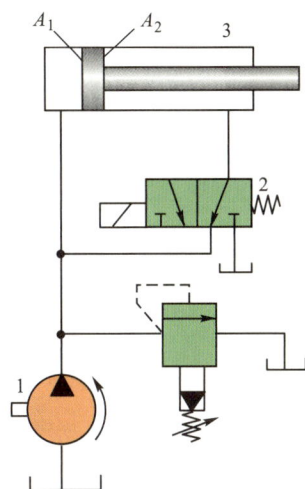

1—液压泵；2—换向阀；3—液压缸

图 6-10 液压缸差动连接的快速运动回路

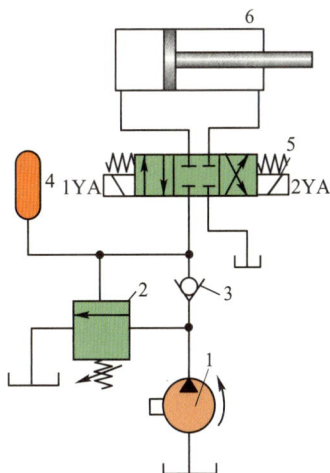

1—液压泵；2—液控顺序阀；3—单向阀；4—蓄能器；5—换向阀；6—液压缸

图 6-11 蓄能器供油的快速运动回路

4供油，随着蓄能器内油量的增加，蓄能器的压力升高到液控顺序阀2的调定压力时，液压泵卸荷。当系统中短期需要大流量时，液压泵1和蓄能器4同时向液压缸6供油，实现快速运动。这种回路适用于短时间内需要大流量的场合，并可用小流量的液压泵使液压缸获得较大的运动速度。需注意的是，在液压缸的一个工作循环内，应有足够的停歇时间使蓄能器充液。

3. 双泵供油的快速运动回路

矫直校平压力机用于工程机械关键工作部件的矫直校平加工，其液压系统如图

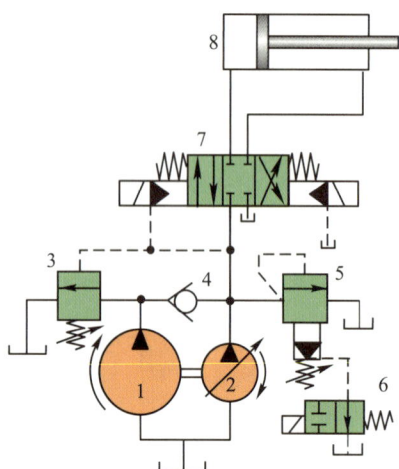

1—低压（大排量定量柱塞）泵；2—高压（小排量变量柱塞）泵；3—外控顺序阀；4—单向阀；5—溢流阀；6—电磁换向阀；7—电液动换向阀；8—液压缸

图6-12 双泵供油的快速运动回路

6-12所示，采用高、低压双泵（低压大排量定量柱塞泵和高压小排量变量柱塞泵）组合供油。液压缸8驱动工作机构对工件进行加工。当电液动换向阀7切换至左位且外负载很小时，两个泵同时向液压缸8供油，液压缸将空载快速前进；当工作机构对工件加压时，进油路压力升高，外控顺序阀3打开，低压泵1通过阀3卸荷，单向阀4自动关闭，高压泵2独立向液压缸8提供高压油，工作机构转为高压慢速加载。

外控顺序阀3使低压泵1在快速运动时向液压缸8供油，在工作进给时卸荷，因此它的调整压力比快速运动时系统所需的压力高，但比溢流阀5的调整压力低。外控顺序阀3设定双泵供油时系统的最高工作压力，溢流阀5设定高压泵2单独供油时系统的最高工作压力。

双泵供油的快速运动回路效率高，功率利用合理，快慢换接平稳，常用在执行元件快进和工进速度相差较大的场合，特别是在组合机床液压系统中得到了广泛的应用。但该回路需采用一个双联泵，故油路系统稍复杂。

三、速度换接回路

速度换接回路可使液压执行元件在一个工作循环中，从一种运动速度变换到另一种运动速度，这个转换包括执行元件快速到慢速的换接和两个慢速之间的换接。实现这些功能的回路应该具有较高的速度换接平稳性。

1. 快速与慢速的换接回路

图 6-13 所示为用行程阀切换的速度换接回路。在图示状态下，液压泵 1 输出的液压油经换向阀 2 的右位进入液压缸 7 无杆腔，液压缸 7 有杆腔的油液经行程阀 6 下位、换向阀 2 右位流回油箱，液压缸快进；当活塞杆上的挡块压下行程阀 6 时，行程阀关闭，液压缸有杆腔的油液必须通过节流阀 5 才能流回油箱，液压缸则由快进转换为慢速工进；当换向阀 2 电磁铁得电，左位接入油路时，液压泵输出的液压油经换向阀 2 左位、单向阀 4 进入液压缸有杆腔，液压缸无杆腔的油液经换向阀 2 的左位流回油箱，活塞快速向左运动。这种回路的快慢速换接比较平稳，而且换接点位置比较准确。缺点是行程阀的安装位置不能任意布置，管路连接较复杂。若将行程阀改为电磁换向阀，安装连接比较方便，但速度换接的平稳性、可靠性及换向精度都较差。

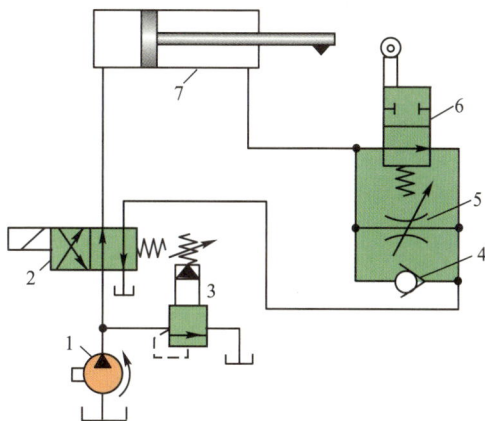

1—液压泵；2—换向阀；3—溢流阀；4—单向阀；
5—节流阀；6—行程阀；7—液压缸

图 6-13　用行程阀切换的速度换接回路

2. 两种进给速度的换接回路

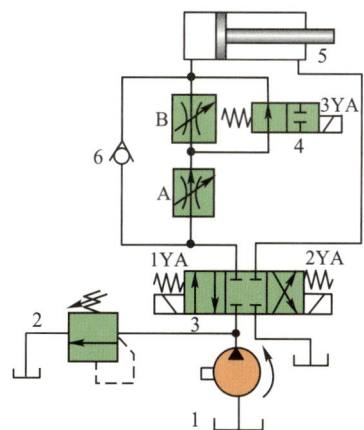

1—液压泵；2—溢流阀；3、4—换向阀；
5—液压缸；6—单向阀；A、B—调速阀

图 6-14　调速阀串联的二次工进速度换接回路

图 6-14 所示为调速阀串联的二次工进速度换接回路。当电磁铁 1YA 通电，3YA 断电时，液压油经调速阀 A 和换向阀 4 进入液压缸无杆腔，进给速度由调速阀 A 控制，实现第一次进给；当电磁铁 1YA 和 3YA 同时通电时，调速阀 B 接入回路，液压油先经调速阀 A，再经调速阀 B 进入液压缸无杆腔，速度由调速阀 B 控制，实现第二次进给。在这种回路中的调速阀 A 一直处于工作状态，它在速度换接时限制进入调速阀 B 的流量，因此该回路速度换接平稳性较好，但由于油液流过两个调速阀，所以能量损失较大，且调速阀 B 的开口必须小于调速阀 A 的开口。

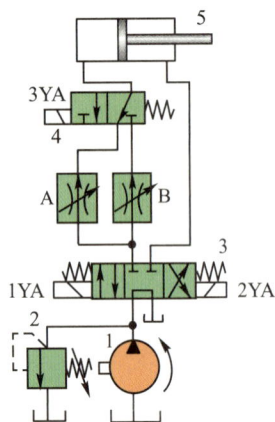

1—液压泵；2—溢流阀；3、4—换
向阀；5—液压缸；A、B—调速阀

图 6-15 调速阀并联的二次工
进速度换接回路

图 6-15 所示为调速阀并联的二次工进速度换接回路。当换向阀 3 处于左位，换向阀 4 处于右位工作时，液压油需经调速阀 A 进入液压缸无杆腔，此时液压缸速度由调速阀 A 调节；当换向阀 3 处于左位，换向阀 4 处于左位工作时，液压油需经调速阀 B 进入液压缸无杆腔，此时液压缸速度由调速阀 B 调节。两个调速阀可单独调节，两种速度互不限制。一个调速阀工作时，另一个调速阀没有油液通过。在速度换接过程中，由于原来没工作的调速阀中的减压阀处于最大开口位置，速度换接时大量油液通过该阀，将使执行元件突然前冲，一般用于速度预选的场合。

任务三

压力控制回路

压力控制回路是利用压力控制阀来限制系统整体或局部的压力，以满足各个执行元件所需的力或力矩的。利用压力控制回路可以实现系统的调压、卸荷、保压、平衡、减压等各种控制。

一、调压回路

调压回路的功用是使液压系统整体或部分的压力保持恒定或不超过某个数值。在定量泵系统中，液压泵的供油压力可以通过溢流阀来调节。在变量泵系统中，可用安全阀来限定系统的最高压力，防止系统过载。若系统中需要两种以上的压力，则可采用多级调压回路。

1. 单级调压回路

图 6-16 所示为单级调压回路，在回路中，节流阀可以调节进入液压缸的流量，定量泵输出的流量大于进入液压缸的流量，多余油液便从溢流阀流回油箱，溢流阀起稳压溢流作用，以保持系统压力稳定，且不受外负载变化的影响，调节溢流阀便可调

节泵的供油压力。溢流阀的调定压力应大于液压缸最大工作压力和油路上各种压力损失的总和。

2. 多级调压回路

为了降低功率损失，合理利用能源，减少油液发热，提高执行元件运动的半稳性，当在不同的工作阶段，液压系统需要不同的工作压力时，可采用二级或多级调压回路。

图 6-17 所示为二级调压回路，可实现两种不同的系统压力控制，由先导型溢流阀 1 和直动型溢流阀 2 各调一级。当电磁换向阀 3 的电磁铁断电（图示位置）时，系统压力由阀 1 调定；电磁铁得电（阀 3 处于上位）时，系统压力由阀 2 调定。但需注意：阀 2 的调定压力一定要小于阀 1 的调定压力，否则不能实现二级调压；当系统压力由阀 2 调定时，先导型溢流阀 1 的先导阀口关闭，但主阀开启，液压泵的溢流流量经主阀回油箱。

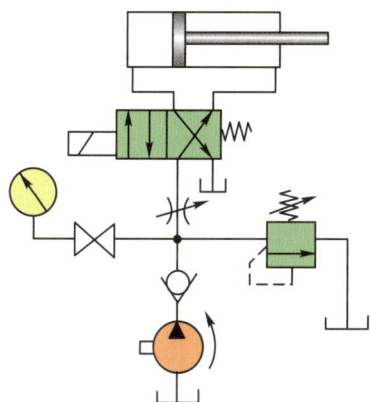

图 6-16 单级调压回路

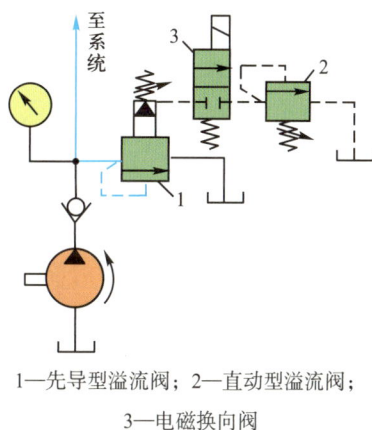

1—先导型溢流阀；2—直动型溢流阀；
3—电磁换向阀

图 6-17 二级调压回路

二、卸荷回路

卸荷回路的功用是在液压泵的驱动电动机不频繁启闭的情况下，使液压泵在功率损耗接近于零的情况下运转，以减少功率损耗，降低系统发热，延长泵和电动机的寿命，其主要用于执行元件暂时停止运动或在某段工作时间内需保持很大作用力而运动速度极慢的情况。因为液压泵的输出功率为其流量和压力的乘积，两者任一近似为零，功率损耗即近似为零，因此液压泵的卸荷有流量卸荷和压力卸荷两种。流量卸荷主要是使用变量泵，使泵仅为补偿泄漏而以最小流量运转，此方法比较简单，但泵仍处在高压状态下运行，磨损会比较严重；压力卸荷的方法是使泵在接近零压下运转，常见的压力卸荷方式有以下几种。

1. 先导型溢流阀卸荷回路

图 6-18 所示为先导型溢流阀卸荷回路，使先导型溢流阀的遥控口与二位二通电磁换向阀相连，当电磁铁不得电时，溢流阀的遥控口与油箱相通，液压泵实现卸荷。

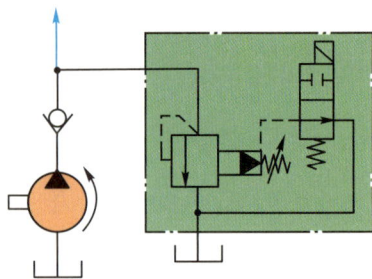

图 6-18　先导型溢流阀卸荷回路

2. 换向阀卸荷回路

采用中位机能为 M、H 和 K 型的三位换向阀，当三位换向阀处于中位时，泵输出的油液直接流回油箱，使泵卸荷。图 6-19a 所示为 M 型中位机能电磁换向阀卸荷回路，这种方法比较简单，但不适用于一泵驱动两个或两个以上执行元件的系统；因为在压力较高、流量较大时容易产生冲击，故一般适用于压力较低和小流量的场合。当流量较大时，可使用电液动换向阀来卸荷，如图 6-19b 所示，为保证先导控制油路能获得必需的控制压力，应在回油路上安装背压阀，当泵卸荷时，以使系统保持 0.3～0.5 MPa 的压力，供操纵控制油路之用。

图 6-19c 所示为二位二通电磁换向阀卸荷回路，当工作部件停止运动时，二位二通电磁换向阀通电，液压泵输出的油液经二位二通电磁换向阀回油箱，使液压泵卸荷。二位二通电磁换向阀的规格应与泵的额定流量相适应。

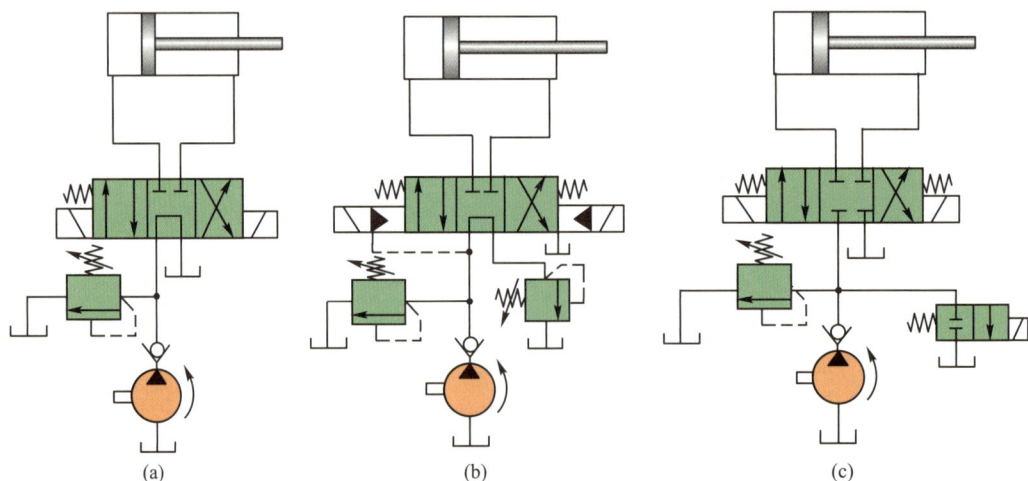

(a)　　　　　　　(b)　　　　　　　(c)

图 6-19　换向阀卸荷回路

三、保压回路

有些机械设备的工作过程中，常常要求液压执行元件在其行程终止时，保持压力一段时间，这时需要采用保压回路。所谓保压回路，就是使系统在液压缸不动或仅有工件变形所产生的微小位移下稳定地维持住压力一段时间。最简单的保压回路是使用密封性能较好的液控单向阀的回路，但是阀类元件的泄漏使得这种回路的保压时间不能维持太久。常用的保压回路有以下几种。

1. 蓄能器保压回路

图 6-20 所示为蓄能器保压回路。当系统工作时，电磁铁 1YA 得电，主换向阀左位接通，液压泵向蓄能器和液压缸无杆腔供油，并推动活塞右移，压紧（夹紧）工件后，液压泵输出的油液主要向蓄能器蓄能，进油路压力升高，当升至压力继电器调定值时，压力继电器发出信号，使二位二通电磁换向阀的电磁铁 3YA 得电，泵通过先导型溢流阀卸荷，单向阀自动关闭，此时液压缸中油液压力由蓄能器保持。当蓄能器的压力不足时，压力继电器复位使泵停止卸荷，重新工作。蓄能器容量要根据保压时间的长短和系统泄漏量来确定，调节压力继电器的工作区间即可调节液压缸中压力的最大值和最小值。该回路既能满足保压工作需求，又能节省功率，减少系统发热。

2. 液控单向阀自动补油保压回路

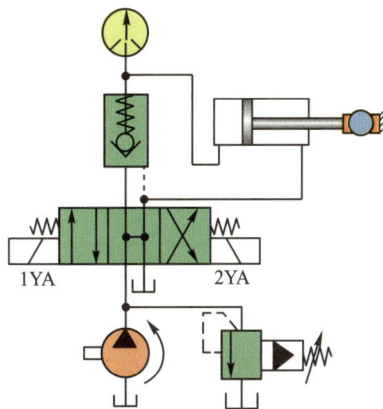

图 6-21 所示为液控单向阀自动补油保压回路，在液压缸无杆腔安装电接点压力表监测保压压力的变化，从而发出电信号控制电路工作。具体原理：当电磁铁 1YA 得电时，三位四通电磁换向阀左位工作，液压缸无杆腔进油，有杆腔回油，活塞右行并对工件进行夹紧。当液压缸无杆腔压力达到保压压力，即电接点压力表上限压力时，

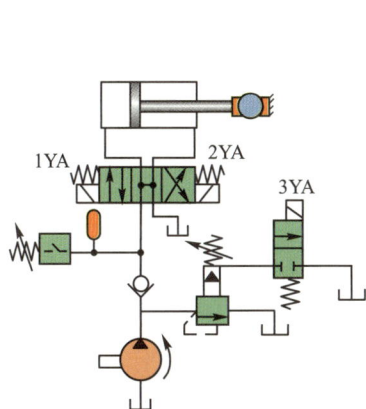

图 6-20　蓄能器保压回路　　图 6-21　液控单向阀自动补油保压回路

压力表高压触点通电，使电磁铁 1YA 断电，三位四通电磁换向阀中位接入，液压泵经换向阀中位卸荷，液压缸无杆腔压力通过液控单向阀保持。当液压缸无杆腔保压压力随泄漏而下降至电接点压力表下限压力时，电接点压力表发出信号使 1YA 重新得电，液压泵通过三位四通电磁换向阀向液压缸无杆腔供油，使压力上升。该回路能自动地保持液压缸无杆腔的压力在某一范围内，保压时间长，压力稳定性高。

四、平衡回路

平衡回路的功用在于防止垂直放置或倾斜放置的液压缸及其相连的工作部件因自重而自行下滑，或在下行运动中由于自重而造成失控超速的不稳定运动，即在液压缸下行的回路上增设适当的阻力以平衡自重。平衡回路通常用单向顺序阀或液控单向阀来实现平衡控制。

图 6-22a 所示为单向顺序阀（平衡阀）平衡回路，单向顺序阀的调定压力应稍大于活塞和与之相连的工作部件的自重在液压缸下腔中所形成的压力。当换向阀处于中位时，由于在液压缸的下腔油路加设了单向顺序阀，使液压缸下腔形成一个与液压缸运动部分重量相平衡的压力，可防止其因自重而下滑；当换向阀切换至左位后，液压缸上腔进油，液压缸下腔的油液经单向顺序阀流回油箱，因回油路上存在足够背压，可使活塞平稳下落。该回路当活塞向下快速运动时功率损失大，锁住时活塞和与之相连的工作部件会因单向顺序阀和换向阀的泄漏缓慢下落，故只适用于工作部件质量不大、活塞锁住时定位要求不高的场合。

汽车起重机用于重物的升降作业，通常要求其变幅机构能带载变幅且变幅动作平稳。图 6-22b 所示为 TL-360 型起重机变幅液压原理图，该回路为液控顺序阀平衡回路，当活塞下行时，来自液压缸上腔的控制液压油打开液控顺序阀，液压缸下腔的油液才能流出，液控顺序阀可防止工作部件超速下降；当停止工作时，液控顺序阀关闭，可防止活塞和工作部件因自重而下降。液压顺序阀的调定值与活塞及工作部件自重无关，通常是系统压力的 30% 左右。节流阀的作用是使液控顺序阀的开启和关闭状态变得不再频繁，可使活塞下行平稳性大大改善。液控顺序阀平衡回路的优点是只有液压缸上腔进油时，活塞才能下行，适用于平衡质量变化较大的液压机械，如液压起重机。

图 6-22c 所示为某立式机床液压系统回路，为了平衡工作头的重量，使其在任一位置都能停住，该回路采用液控单向阀平衡回路。当换向阀右位工作时，液压缸下腔进油，液压缸上升至终点；当换向阀处于中位时，液压泵卸荷，液压缸停止运动，由

液控单向阀锁紧；当换向阀左位工作时，液压缸上腔进油，当液压缸上腔压力足以打开液控单向阀时，下腔的油液才能流出，液压缸才能下行。液压缸下腔的回油由节流阀限速，由于液控单向阀泄漏量极小，故其闭锁性能较好。

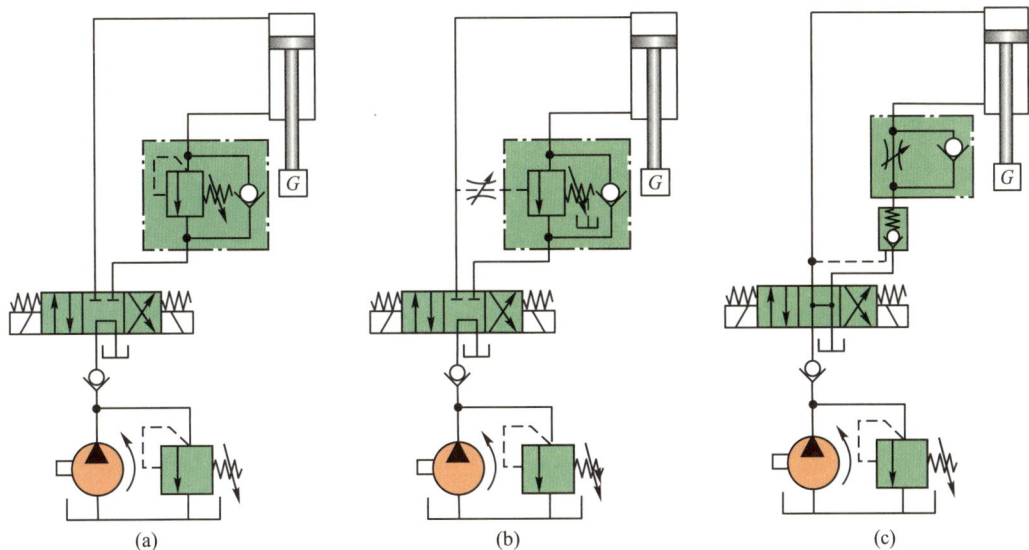

(a)　　　　　　(b)　　　　　　(c)

图 6-22　平衡回路

五、减压回路

减压回路的功用是使系统中的某一支路具有较低的稳定压力。其用于当系统压力较高，而局部回路或支路要求压力较低时，如机床液压系统中的定位、夹紧回路及液压元件的控制油路等，往往要求具有比主油路低的压力。减压回路一般是在所需低压支路上串接一个减压阀来实现减压作用的。

图 6-23 所示为工件夹紧减压回路。工件夹紧完成后为了防止系统压力降低（如进给缸空载快进）油液倒流，并短时保压，通常在减压阀后串接一个单向阀。夹紧缸最高压力由先导型减压阀调定。

为了使减压回路工作可靠，减压阀的最低调整压力不应小于 0.5 MPa，最高调整压力至少比系统压力小 0.5 MPa。当减压回路中的执行元件需要调速时，调速元件应放在减压阀的下游，以避免减压阀泄漏（指由减压阀泄油口流回油箱的油液）对执行元件速度产生影响。

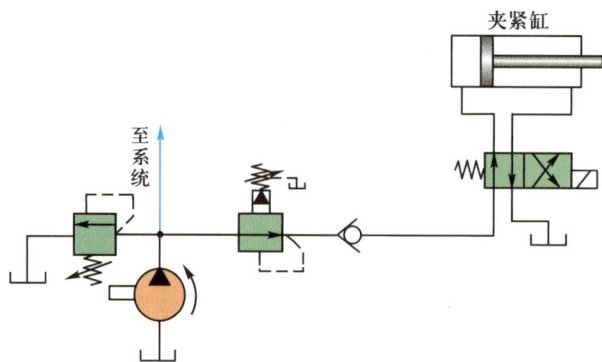

图 6-23 工件夹紧减压回路

任务四

其他基本控制回路

一、顺序动作回路

多缸液压系统中的各个液压缸严格地按规定顺序动作的回路，称为顺序动作回路。这种回路在机械制造等行业的液压系统中得到了普遍应用。如组合机床回转工作台的抬起和转位、夹紧机构的定位和夹紧等，都应按固定的顺序运动。

顺序动作回路按控制方式不同，有行程控制式、压力控制式和时间控制式三种类型。其中前两种类型应用较多。

1. 行程控制式顺序动作回路

（1）用行程开关控制的顺序动作回路

图 6-24 所示为用行程开关控制的顺序动作回路，图示状态为液压缸 A、B 的活塞均处于左端。当电磁换向阀 1YA 通电换向时，缸 A 右行完成动作①；缸 A 到达预定位置时触动行程开关 C_1，使电磁换向阀 2YA 通电换向，缸 B 右行完成动作②；缸 B 到达预定位置时触动行程开关 C_2，使电磁换向阀 1YA 断电，缸 A 返回完成动作③；缸 A 左行到达预定位置时又触动行程开关 C_3，使电磁换向阀 2YA 断电，缸 B 返回完成动作④，缸 B 左行到达预定位置时最后触动行程开关 C_4，行程开关 C_4 发出循环完成指令。该回路调整行程大小和改变动作顺序均很方便，且可利用电气互锁使动作顺

序可靠。

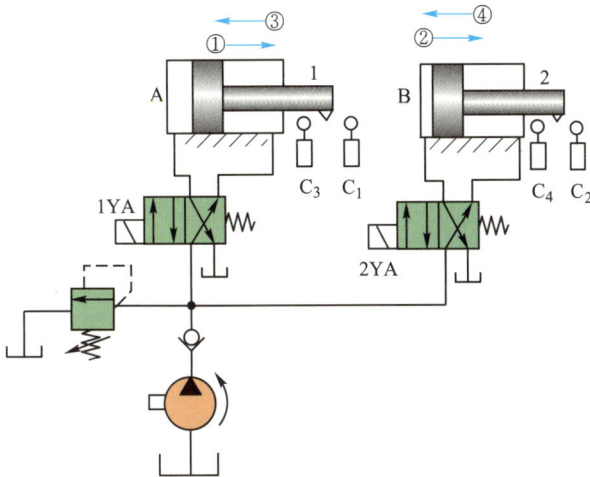

图 6-24 用行程开关控制的顺序动作回路

（2）用机动换向阀控制的顺序动作回路

图 6-25 所示为用机动换向阀控制的顺序动作回路，图示状态为液压缸 A、B 的活塞均处于左端。当电磁换向阀 1 通电换向时，阀 1 左位接入，缸 A 右行完成动作①；缸 A 到达预定位置，挡块压下机动换向阀 2 后，阀 2 上位接入，缸 B 右行完成动作②；当电磁换向阀 1 断电时，阀 1 右位接入，缸 A 返回完成动作③；随着挡块左移，机动换向阀 2 复位，缸 B 左行完成动作④，就此完成一个工作循环。该回路工作可靠，但动作顺序一经确定再改变会比较困难。

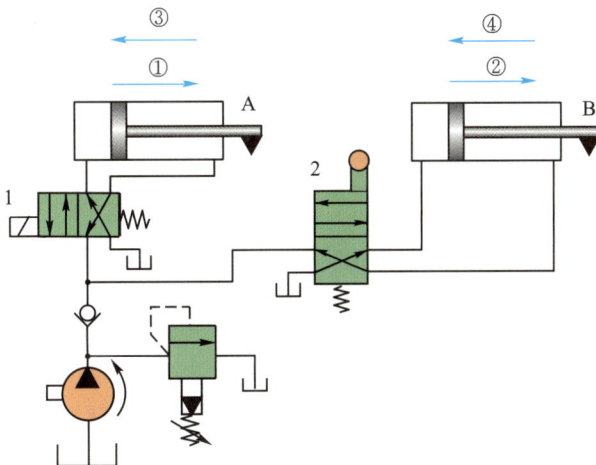

1—电磁换向阀；2—机动换向阀

图 6-25 用机动换向阀控制的顺序动作回路

2. 压力控制式顺序动作回路

压力控制式顺序动作回路就是利用液压系统工作过程中的压力变化来控制阀口的启闭，使执行元件实现顺序动作的，其主要控制元件是顺序阀和压力继电器。

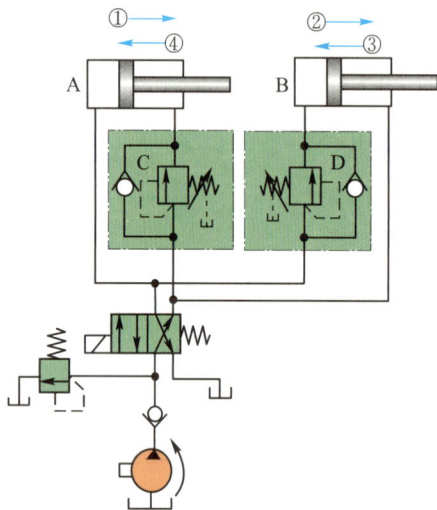

图 6-26　用顺序阀控制的顺序动作回路

（1）用顺序阀控制的顺序动作回路

图 6-26 所示为用顺序阀控制的顺序动作回路，回路中采用两个单向顺序阀，用来控制液压缸顺序动作。其中单向顺序阀 D 的调定压力值大于液压缸 A 右行时的最大工作压力，单向顺序阀 C 的调定压力值大于液压缸 B 左行时的最大工作压力。二位四通电磁换向阀通电，换向阀切换到左位，液压油进入 A 缸左腔，由于系统压力低于单向顺序阀 D 的调定压力，顺序阀未开启，A 缸活塞向右运动，完成动作①，回油经阀 C 的单向阀流回油箱；当缸 A 的活塞右移到达终点，系统压力升高，单向顺序阀 D 开启，液压油进入液压缸 B 左腔，活塞向右运动，回油经二位四通电磁换向阀回油箱，完成动作②；加工完毕后，二位四通电磁换向阀断电，右位接入系统，液压油进入 B 缸右腔，回油经阀 D 的单向阀流回油箱，B 缸活塞向左快速运动实现快退，完成动作③；B 缸活塞到达终点后，油压升高，使阀 C 的顺序阀开启，液压油进入 A 缸右腔，回油经二位四通电磁换向阀回油箱，A 缸活塞向左运动，完成动作④。

该回路的可靠性很大程度上取决于顺序阀的性能及其压力调定值，顺序阀的调定压力应比前一个动作的工作压力高出 1 MPa（中低压阀约为 0.5 MPa）左右，以免顺序阀因系统压力脉动造成误动作。该回路优点是动作较灵敏，安装连接方便；缺点是可靠性差，位置精度低；故适用于液压缸数目不多、外负载变化小的系统。

（2）用压力继电器控制的顺序动作回路

图 6-27 所示为用压力继电器控制的顺序动作回路。其工作原理是：按下启动按钮，电磁铁 1YA 通电时，电磁换向阀 1 左位接入回路，液压油进入液压缸 5 无杆腔，推动其活塞杆伸出，完成动作①；当缸 5 的活塞运动到预定位置，碰上挡铁后，回路压力升高，升高至压力继电器 3 的调定值时，压力继电器 3 发出信号，使电磁铁 3YA 通电，电磁换向阀 2 左位接入回路，液压油进入液压缸 6 无杆腔，推动其活塞杆伸出，

完成动作②；按返回按钮，电磁铁 1YA、3YA 断电，且 4YA 通电，电磁换向阀 2 右位接入回路，液压油进入液压缸 6 有杆腔，使其活塞杆缩回，完成动作③；当它到达终点后，回路压力又升高，升高至压力继电器 4 的调定值时，压力继电器 4 发出信号，使电磁铁 2YA 通电，阀 1 右位接入回路，液压油进入液压缸 5 右腔，推动其活塞杆缩回，完成动作④。

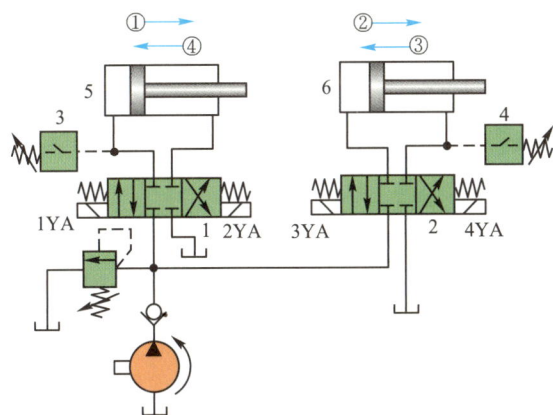

1、2—电磁换向阀；3、4—压力继电器；5、6—液压缸
图 6-27 用压力继电器控制的顺序动作回路

为了确保动作顺序的可靠性，压力继电器的调定压力应比前一动作液压缸所需的最大工作压力高出 0.5 MPa 以上，否则在管路中压力冲击或波动的作用下，会造成误动作。

二、快慢速互不干扰动作回路

在一个多执行元件的液压系统中，往往由于一个液压缸快速运动时，会造成系统的压力下降，影响其他液压缸工作进给的稳定性。因此，在工作进给要求比较稳定的多缸液压系统中，应采用快慢速互不干扰动作回路。

双泵供油互不干扰动作回路如图 6-28 所示。回路中各液压缸快进、快退都由大流量泵 2 供油，且快进时为差动连接；工

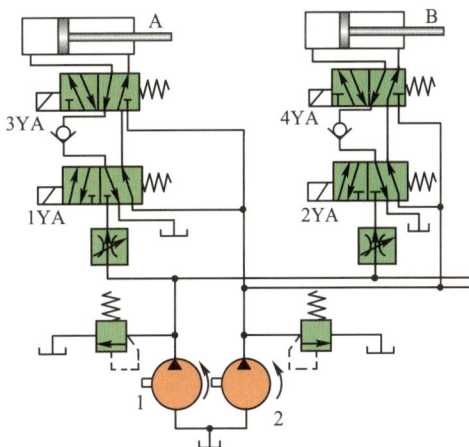

1—小流量泵；2—大流量泵
图 6-28 双泵供油互不干扰动作回路

进则由小流量泵1供油，彼此互不干扰。具体工作情况参见该回路的电磁铁动作表见表6-1。

表6-1　双泵供油互不干扰动作回路电磁铁动作表

动作	A缸		B缸	
	1YA	3YA	2YA	4YA
快进	−	+	−	+
工进	+	−	+	−
快退	+	+	+	+
停止	−	−	−	−

三、液压马达制动回路

当执行元件停止工作时，为防止液压马达因惯性而继续转动，常设置制动装置使其迅速停止转动。

图6-29所示为机械制动回路，当换向阀3处于中位时，液压泵1卸荷，制动液压缸5有杆腔的油液在弹簧力作用下，通过单向节流阀4中的单向阀迅速排出，制动块6压下，可快速对液压马达制动；当换向阀3处于左位或右位时，液压泵1输出的液压油进入液压马达7的左腔或右腔，同时油液通过单向节流阀4中的节流阀进入制动液压缸5的有杆腔，克服弹簧力，推动活塞动作，使制动块6松开液压马达，使液压马达正常旋转，调节节流阀开口，可控制制动块的松开时间，以保证液压马达有足够的启动力矩。本回路制动力稳定，而且制动能力不受油路泄漏的影响，安全可靠，适用于矿山机械、起重设备等的液压系统。

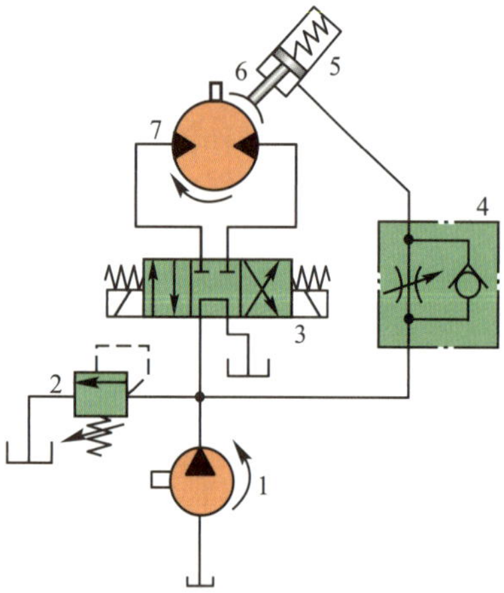

1—流压泵；2—溢流阀；3—换向阀；4—单向节流阀；5—制动液压缸；6—制动块；7—液压马达

图6-29　机械制动回路

习　题

6-1　在节流调速系统中，如果调速阀的进、出油口接反了，将会出现怎样的情况，试根据调速阀的工作原理进行分析。

6-2 如题6-2图所示，若阀1的调定压力 p_y=4 MPa，阀2的调定压力 p_j=3 MPa，试回答下列问题：

（1）阀1是（ ）阀，阀2是（ ）阀；

（2）当液压缸运动时（无外负载），A 点的压力值为（ ）、B 点的压力值为（ ）；

（3）当液压缸运动至终点碰到挡块时，A 点的压力值为（ ）、B 点的压力值为（ ）。

题 6-2 图

6-3 题6-3图所示的回路最多能实现几级调压？阀1、2、3的调定压力之间应是怎样的关系？

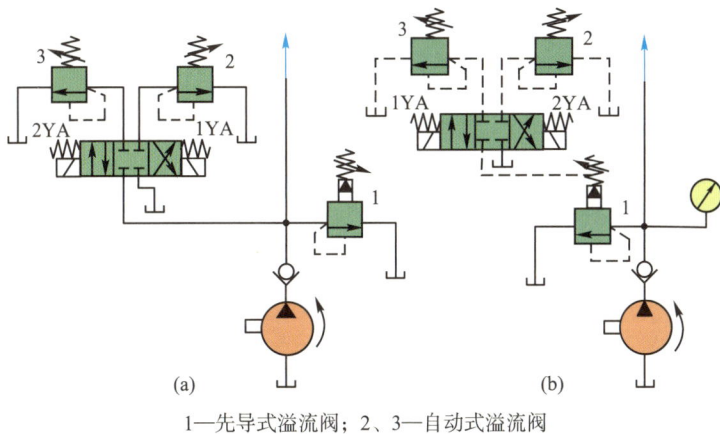

(a)　　　　　　　　(b)

1—先导式溢流阀；2、3—自动式溢流阀

题 6-3 图

6-4 请列表说明题6-4图所示压力继电器式顺序动作回路是怎样实现①→②→④→③顺序动作的？试描述其动作过程。

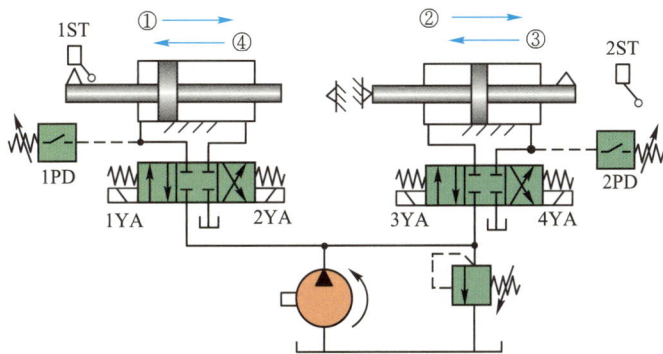

题 6-4 图

在元件数目不增加的情况下，排列位置容许变更，如何实现①→②→③→④的顺序动作，画出变动顺序后的液压回路图。

6-5　机场配餐车液压系统如题6-5图a所示，请分析该液压系统。

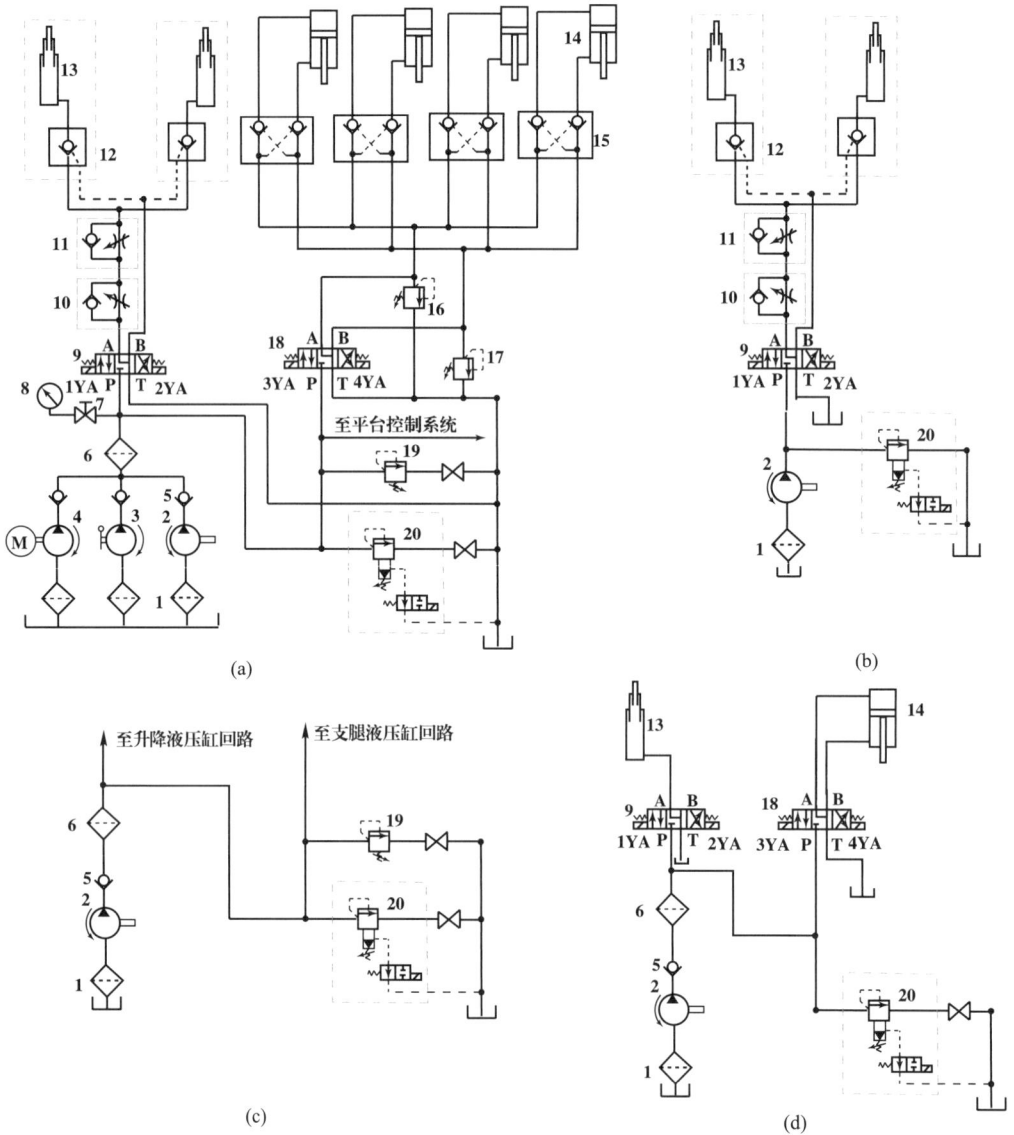

(a)　(b)

(c)　(d)

1—吸油过滤器；2—主泵（齿轮泵）；3—手摇泵；4—应急电动泵；5—单向阀；6—压力管路过滤器；7—截止阀；8—压力表；9、18—电磁换向阀；10、11—单向节流阀；12、15—液控单向阀；13—升降液压缸；14—支腿液压缸；16、17、19—溢流阀；20—电磁溢流阀

题6-5图

（1）图b为简化后的升降液压缸回路，请根据图b分析：

1）升降液压缸13为单作用液压缸还是双作用液压缸？

2）电磁换向阀 9 分别处于左、中、右三个不同位置时，升降液压缸的工作情况。

3）升降液压缸 13 的伸出速度由哪个阀调定？该回路属于节流调速中的哪种类型？

4）升降液压缸 13 的缩回速度由哪个阀调定？该回路属于节流调速中的哪种类型？

（2）图 c 为简化后的压力控制回路，试根据图 c 分析：

1）什么情况下，系统卸荷？

2）若溢流阀 19 的调定压力为 15 MPa，电磁溢流阀 20 的调定压力为 12 MPa，那么该系统的最高工作压力为多少？

（3）图 c 为简化后的多缸控制回路，请根据图 c 分析：

1）图中电磁换向阀 9、18 采用了哪种形式的中位机能？

2）图中电磁换向阀 9、18 能否采用 H 型中位机能？为什么？

典型液压系统

⚙ 项目引入

机场配餐车是一种液压传动、剪式升降的车载式设备，用于飞机食品装卸服务。当机场配餐车就位后，撑脚可将车体固定在地面上，升降机可将车厢举升到机门处的高空。其过程需要支腿和升降机油路的控制。本项目中会详细介绍这个典型系统。

🔧 学习目标

1. 掌握组合机床动力滑台液压系统的工作原理和结构特点。
2. 掌握 YA32-200 型万能液压机液压系统的工作原理和结构特点。
3. 掌握机场配餐车液压系统的工作原理和结构特点。

　　机械设备中的液压系统是根据设备的工作要求，选用适当的基本回路构成的。液压系统图表示了系统内所有液压元件的连接和控制方式及执行元件实现各种动作的工作原理。本项目介绍几种典型液压系统，通过对它们的学习和分析，进一步加深对各种液压元件和回路的理解。阅读分析液压系统图的方法和步骤为：

　　1）了解机械设备的工艺及对液压系统动作、工作循环和性能的要求。

　　2）初步浏览整个系统，了解系统中包含哪些液压元件及各液压元件的连接关系，以执行元件为中心，将系统分解为若干个子系统。

　　3）逐步分析每个子系统，搞清楚其中含有哪些基本回路，然后根据执行元件的动作要求，参照动作循环表读懂每个子系统。

　　4）根据系统中对各执行元件间的顺序、互锁、同步、防干扰等要求，分析各子系统之间的联系和如何实现这些要求的，进而理解整个液压系统的工作原理。

　　5）在全面读懂系统的基础上，归纳总结整个系统有哪些特点，以加深对系统的理解。

任务一

组合机床动力滑台液压系统

一、概述

　　图 7-1 所示为组合机床外形结构图，该机床是一种高效率的机械加工专用机床。组合机床由一些通用部件（如动力箱、动力滑台、底座等）和少量的专用部件（如主轴箱、夹具等）组成，其加工范围较宽，能完成钻、扩、铰、锪、铣、刮端面、攻螺纹等工序和工作台的转位、定位、夹紧、输送等辅助动作，其自动化程度较高，在机械制造业中的应用较广泛。这里只介绍组合机床动力滑台液压系统。动力滑台上常安装着各种旋转着的刀具，其液压系统的功能是使这些刀具做轴向进给运动，并完成一定的工作循环。

　　图 7-2 所示为 YT4543 型动力滑台液压系统图。该动力滑台的进给速度范围为 6.6～660 mm/min，最大进给速度为 7 300 mm/min，最大进给推力为 45 kN。该系统采用限压式变量泵供油，电液动换向阀换向，用行程阀实现快进和工进的速度换接，用电磁换向阀实现两种工进速度的转换，可以实现多种工作循环。下面以快进、一工进、二工进、死挡铁停留、快退、原位停止的自动循环为例，说明该液压系统的工作原理。

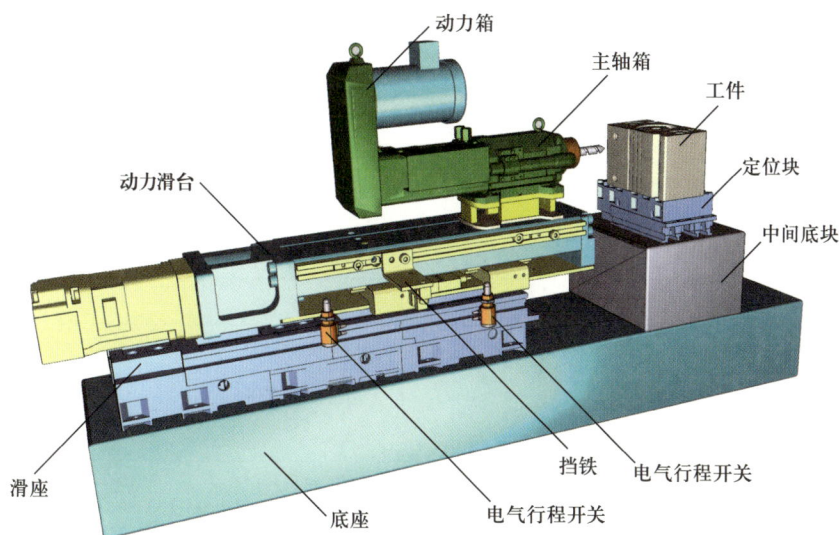

图 7-1　组合机床外形结构图

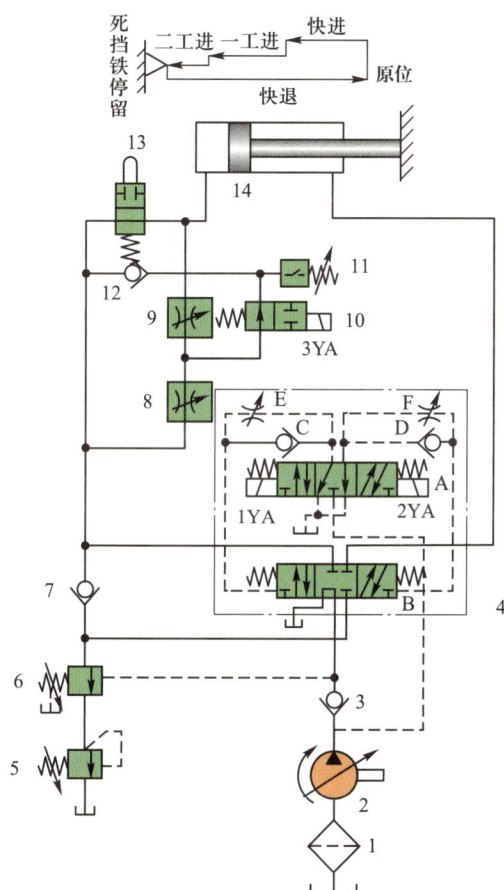

1—过滤器；2—限压式变量泵；3、7、12—单向阀；4—电液动换向阀；5—背压阀；6—顺序阀；
8、9—调速阀；10—电磁换向阀；11—压力继电器；13—行程阀；14—液压缸

图 7-2　YT4543 型动力滑台液压系统图

二、液压系统工作原理

表7-1为动力滑台液压系统动作循环表。一般约定用"＋"表示电磁铁通电或行程阀压下，用"－"表示电磁铁断电或行程阀原位。

表7-1　动力滑台液压系统动作循环表

动作顺序	电磁铁和液压元件工作状态								信号来源
	1YA	2YA	3YA	行程阀 13	顺序阀 6	电液动换向阀4		电磁换向阀 10	
						先导阀 A	主阀 B		
快进	＋	－	－	－	关	左位	左位	左位	启动按钮
一工进	＋	－	－	＋	开	左位	左位	左位	挡铁压下行程阀
二工进	＋	－	＋	＋	开	左位	左位	右位	挡铁压下行程开关
死挡铁停止	＋	－	＋	＋	开	左位	左位	右位	死挡铁
快退	－	＋	－	＋/－	关	右位	右位	左（右）位	时间继电器发出信号
原位停止	－	－	－	－	关	中位	中位	左位	挡铁压下行程开关

1. 快速进给（快进）

按下启动按钮，电磁铁1YA通电，先导阀A左位接入，由限压式变量泵2输出的液压油经先导阀A进入主阀B的左腔，主阀B右腔的油液经先导阀A流回油箱，使主阀B换至左位接入系统工作，油液通路情况为：

（1）控制油路

进油路：过滤器1→限压式变量泵2→先导阀A左位→单向阀C→主阀B左腔。

回油路：主阀B右腔→节流阀F→先导阀A左位→油箱。

由此，主阀B的阀芯右移，使其左位接入系统。

（2）主油路

由于动力滑台空载，系统压力低，故顺序阀6关闭，液压缸形成差动连接，同时限压式变量泵2在低压下输出最大流量，使动力滑台快速进给。

进油路：过滤器1→限压式变量泵2→单向阀3→主阀B左位→行程阀13下位→液压缸无杆腔。

回油路：液压缸有杆腔→主阀 B 左位→单向阀 7→行程阀 13 下位→液压缸无杆腔。

2. 一次工作进给（一工进）

当动力滑台快进到达预定位置时，挡铁压下行程阀 13，使原来通过阀 13 的进油路切断，调速阀 8 接入系统进油路，使调速阀 8 前的系统压力升高。压力的升高，一方面使顺序阀 6 打开，单向阀 7 关闭，使液压缸有杆腔的油液经顺序阀 6 和背压阀 5 流回油箱；另一方面使限压式变量泵 2 的流量减小，直到与允许通过调速阀 8 的流量相等为止。这时进入液压缸无杆腔的流量由调速阀 8 的开口大小决定，动力滑台实现一次工作进给运动，油液通路情况为：

主油路

进油路：过滤器 1→限压式变量泵 2→单向阀 3→主阀 B 左腔→调速阀 8→电磁换向阀 10 左位→液压缸无杆腔。

回油路：液压缸有杆腔→主阀 B 左腔→顺序阀 6→背压阀 5→油箱。

3. 二次工作进给（二工进）

第一次工作进给结束时，挡铁压下电气行程开关，发出信号，使电磁铁 3YA 通电，使原来通过电磁换向阀 10 的进油路切断，液压油应经串联的调速阀 8 和 9 才能进入液压缸的无杆腔。由于阀 9 的开口小于阀 8，所以进给速度再次降低，二次工作进给的速度由调速阀 9 的开口大小决定。其他各阀的状态和油路情况同一次工作进给。

主油路

进油路：过滤器 1→限压式变量泵 2→单向阀 3→主阀 B 左腔→调速阀 8→调速阀 9→液压缸无杆腔。

回油路：液压缸有杆腔→主阀 B 左腔→顺序阀 6→背压阀 5→油箱。

4. 死挡铁停留

动力滑台二次工作进给终了，碰上死挡铁时停止不动，同时系统压力进一步升高，压力升高到压力继电器 11 的调定值时，压力继电器发出信号给时间继电器；停留时间长短由时间继电器控制，延时时间到，会再发出信号使动力滑台返回。

5. 快速返回（快退）

时间继电器延时时间到，发出信号，电磁铁 1YA、3YA 断电，2YA 通电，先导阀 A 的右位接入控制油路，使主阀 B 的右位接入主油路。此时，动力滑台返回的外负载小，系统压力较低，限压式变量泵 2 流量自动增至最大，使动力滑台得以快速返回。油液通路情况为：

（1）控制油路

进油路：过滤器 1 →限压式变量泵 2 →先导阀 A 右位→单向阀 D →主阀 B 右腔。

回油路：主阀 B 左腔→节流阀 E →先导阀 A 右位→油箱。

（2）主油路

进油路：过滤器 1 →限压式变量泵 2 →单向阀 3 →主阀 B 右位→液压缸有杆腔。

回油路：液压缸无杆腔→单向阀 12 →主阀 B 右位→油箱。

6. 原位停止

当动力滑台退回到原位时，挡铁压下行程开关，发出信号，使 2YA 断电，换向阀 A、B 处于中位，液压缸左、右两腔封闭，动力滑台停止运动。限压式变量泵 2 输出的油液经单向阀 3、主阀 B 流回油箱，液压泵卸荷。

单向阀 3 用于保护液压泵免受液压冲击，同时用于保证系统卸荷时电液动换向阀先导控制油路保持一定的控制压力，确保换向动作的实现。单向阀 7 用于工进时进油路和回油路的隔离。

三、液压系统的特点

由上述分析可知，动力滑台液压系统主要由以下基本回路组成：限压式变量泵和调速阀组成的容积节流调速回路，差动连接快速回路，电液动换向阀的换向回路，由行程阀、电磁换向阀和顺序阀等联合控制的速度换接回路，串接调速阀的二次工作进给调速回路等。这些基本回路的选用决定了系统的主要性能，其特点如下：

1）系统采用了限压式变量泵和调速阀组成的容积节流（进油路）调速回路。它既能满足系统调速范围大、低速稳定性好的要求，又提高了系统的效率。

2）系统采用了限压式变量泵和差动连接两个措施来实现快进，这样既可得到较高的快进速度，又使系统功率利用比较合理。泵的流量自动变化，即在快速行程时输出最大流量，工进时只输出与液压缸需要相适应的流量，死挡铁停留时只输出补偿系统泄漏所需的流量。系统无溢流损失，故效率高。

3）工作进给时，在回油路上增加了一个背压阀，这样一方面改善了速度稳定性，另一方面使动力滑台能承受一定负值负载。

4）采用行程阀和顺序阀实现快进和工进的换接，比采用电磁换向阀的电路简化，而且动作可靠，换接平稳度高。同时，调速阀可起加载作用，在刀具接触工件之前就使进给速度变慢，因此不会引起刀具和工件的突然碰撞；两个工进之间的换接则由于两者速度都较低，采用电磁换向阀完全能保证换接精度。

5）采用两个调速阀的串联来实现二次工进，使换接速度平稳、冲击小。

任务二

YA32-200型万能液压机液压系统

一、概述

液压机是机械制造业广泛应用的压力加工设备，常用来完成可塑性材料的锻压工艺及加压成形过程，如金属件冲压、弯曲、翻边、薄板拉伸及塑料、橡胶、粉末冶金的压制等。液压机可以任意改变加压的压力及加压行程速度，因而能满足各种压力加工工艺的要求。

图7-3所示为柱式液压机的组成及典型动作循环，这种液压机由上横梁3、主缸2（上缸）、滑块4（活动横梁）、导向立柱5、下横梁6（工作台）及顶出缸7（下缸）等组成，在其4个导向立柱之间安置主缸（上缸）和顶出缸（下缸）。液压机要求液压系统完成的主要动作如下：

1）主缸驱动上滑块实现快速下行→慢速加压→保压延时→卸压→快速返回→任意点停止的工作循环。

2）顶出缸驱动下滑块实现向上顶出→向下回程→原位停止的工作循环。

3）作薄板拉伸时，需要利用顶出缸顶出将坯料压紧，实现浮动压边。

4）液压系统中的压力要能经常变换和调节，并能产生较大的压制力，以满足工作要求。

5）因其流量大、功率大，空行程和加压行程的速度差异大，故要求功率利用合理、工作平稳和安全可靠性高。

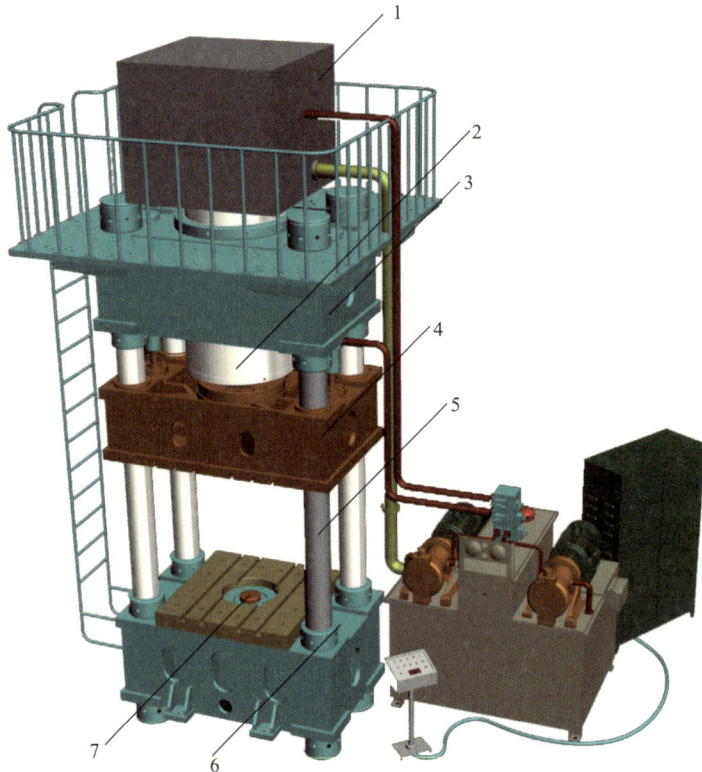

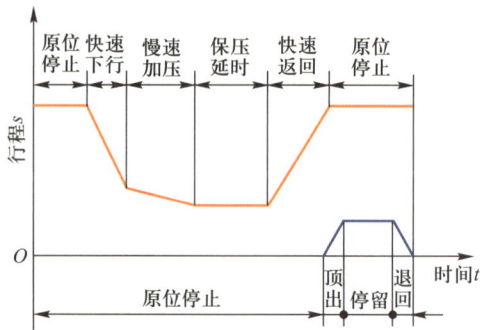

1—充液箱；2—主缸；3—上横梁；4—滑块；5—导向立柱；6—下横梁；7—顶出缸

图 7-3　柱式液压机的组成及典型动作循环

二、液压系统工作原理

图 7-4 所示为 YA32-200 型万能液压机液压系统图。表 7-2 为液压机的电磁铁动作顺序表。系统有两个泵，主液压泵 1 为高压大流量恒功率（压力补偿）变量泵，最高工作压力为 32 MPa，由远程调压阀 5 设定，溢流阀 4 用以防止系统过载。辅助液压泵 2 为低压小流量定量泵，主要用于控制系统供油，其压力由溢流阀 3 设定。该系统工作原理如下。

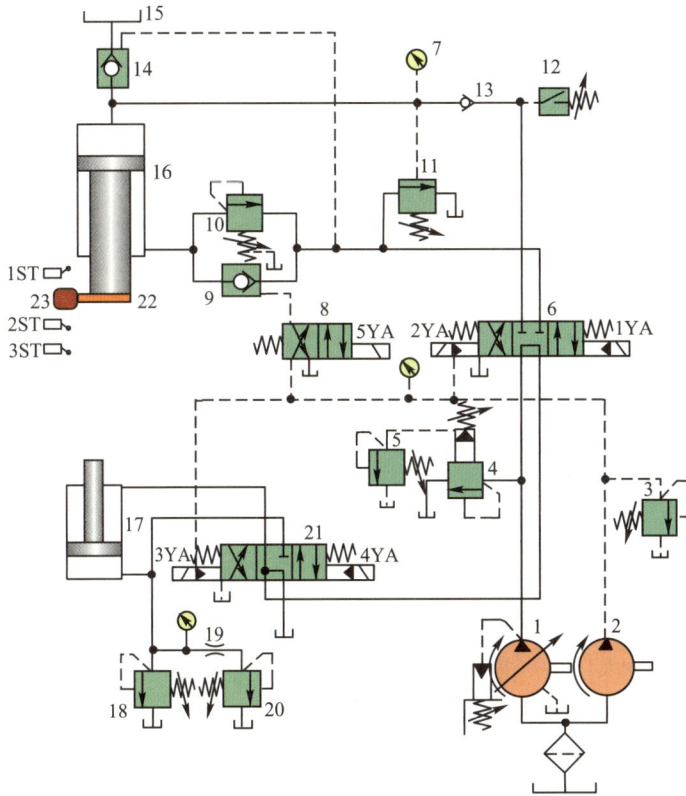

1—主液压泵；2—辅助液压泵；3、4—溢流阀；5—远程调压阀；6、21—电液动换向阀；7—压力表；
8—电磁换向阀；9、14—液控单向阀；10—平衡阀；11—卸荷阀（带阻尼孔）；12—压力继电器；
13—单向阀；15—充液油箱；16—主液压缸；17—顶出液压缸；18—安全阀；19—节流阀；
20—背压阀；22—滑块；23—活动挡块

图 7-4　YA32-200 型万能液压机液压系统图

表 7-2　液压机的电磁铁动作顺序表

工况		信号来源	电磁铁				
			1YA	2YA	3YA	4YA	5YA
主液压缸	快速下行	按下启动按钮	+	−	−	−	+
	慢速加压	主液压缸挡铁压下行程开关 2SQ	+	−	−	−	−
	保压延时	压力继电器	−	−	−	−	−
	卸压并快速回程	时间继电器	−	+	−	−	−
	停止	主液压缸挡铁压下行程开关 1SQ	−	−	−	−	−
顶出液压缸	顶出	按钮	−	−	+	−	−
	退回	按钮	−	−	−	+	−

续表

工况		信号来源	电磁铁				
			1YA	2YA	3YA	4YA	5YA
顶出液压缸	停止	按钮	–	–	–	–	–
	压边	按钮	+	–	+ /–	–	–

1. 主液压缸快速下行

按下启动按钮，电磁铁 1YA、5YA 通电。辅助流压泵 2 所供油液一方面使电液动换向阀 6 换切至右位，另一方面经电磁换向阀 8 的右位将液控单向阀 9 打开。此时，主液压缸 16 及滑块 22 因自重作用快速下降，而主液压泵 1 的全部流量不足以补充主液压缸上腔空出的容积，因而主液压缸上腔形成局部真空，置于液压机顶部的充液油箱 15 中的油液经液控单向阀 14（充液阀）进入主液压缸上腔。油液通路情况如下：

进油路：主液压泵 1 →电液动换向阀 6 右位→单向阀 13

充液油箱 15 →液控单向阀 14 ⎱ →主液压缸 16 上腔。

回油路：主液压缸 16 下腔→液控单向阀 9 →电液动换向阀 6 右位→电液动换向阀 21 中位→油箱。

2. 主液压缸慢速加压

当滑块 22 上的活动挡块 23 压下行程开关 2ST 时，电磁铁 5YA 断电，使电磁换向阀 8 恢复至常态（左）位，液控单向阀 9 关闭。主液压缸下腔油液需经平衡阀 10 才能流出，滑块 22 单靠自重不能下降。此时，主液压缸 16 上腔压力升高，充液阀 14 关闭，液压油推动活塞使滑块慢速接近工件。当主液压缸 16 滑块组件接触工件后，由于外负载急剧增加，上腔压力进一步升高，变量泵（主液压泵）输出流量自动减小，主液压缸活塞的速度变得更慢，此时滑块以极慢的速度对工件加压。油液通路情况如下：

进油路：主液压泵 1 →电液动换向阀 6 右位→单向阀 13 →主液压缸 16 上腔。

回油路：主液压缸 16 下腔→平衡阀 10 →电液动换向阀 6 右位→电液动换向阀 21 中位→油箱。

3. 主液压缸保压延时

当主液压缸上腔的压力达到设定值时，压力继电器 12 发出信号，使电磁铁 1YA 断电，电液动换向阀 6 回至中位，将主液压缸上、下腔封闭，系统保压。主液压泵 1 通过电液动换向阀 6 中位、电液动换向阀 21 中位卸荷。单向阀 13 保证了主液压缸上腔良好的密封性，使主液压缸上腔保持高压。保压时间可由压力继电器 12 控制的时间继电器调整。

4. 主液压缸卸压并快速回程

保压结束时，压力继电器 12 控制的时间继电器发出信号，使电磁铁 2YA 通电（定程压制成型时，可由行程开关 3ST 发信号），电液动换向阀 6 切换至左位，主液压缸处于回程状态。但由于液压机的油压高，且主液压缸的直径大、行程长，缸内液体在加压过程中受到压缩而储存相当大的能量。为了防止上腔与回油路瞬间接通而产生液压冲击，造成机械设备和管路的剧烈振动并发出巨大噪声，保压后回程时采用了先卸压然后再回程的措施。

当电液动换向阀 6 切至左位时，主液压缸上腔还未卸压，压力很高，带阻尼孔的卸荷阀 11 呈开启状态，主液压泵 1 输出的液压油经电液动换向阀 6 左位后由卸荷阀 11 回油箱。此时主液压泵 1 在低压下运行，此压力不足以使主液压缸回程，但能打开液控单向阀 14 的卸荷阀芯，使主液压缸上腔的高压油经此卸荷阀芯的开口卸回充液油箱 15，主液压缸上腔压力逐渐降低，这就是卸压。当主液压缸上腔压力降低至卸荷阀 11 关闭时，主液压泵 1 输出的油液压力进一步升高并推开液控单向阀 14 的主阀芯，主液压缸快速返回。油液通路情况如下：

进油路：主液压泵 1 →电液动换向阀 6 左位→液控单向阀 9 →主液压缸下腔。

回油路：主液压缸上腔→液控单向阀 14 →充液油箱 15。

5. 停止

当滑块上的活动挡块 23 压下行程开关 1ST 时，电磁铁 2YA 断电，被中位机能为 M 型的电液动换向阀 6 锁紧，主液压缸停止运动，回程结束。此时，主液压泵 1 的油液经电液动换向阀 6、21 的中位回油箱而处于卸荷状态。

6. 顶出液压缸顶出及退回

顶出液压缸和主液压缸的运动应实现互锁。即当电液动换向阀 6 处于中位时，泵输出的液压油才能经电液动换向阀 6 的中位进入顶出液压缸。

按下顶出按钮，电磁铁 3YA 通电，电液动换向阀 21 切换至左位，油液通路情况为：

进油路：主液压泵 1 →电液动换向阀 6 中位→电液换动向阀 21 左位→顶出液压缸 17 下腔。

回油路：顶出液压缸 17 上腔→电液动换向阀 21 左位→油箱。

按下退回按钮，电磁铁 3YA 断电、4YA 通电，电液动换向阀 21 切换至右位，系统油液通路情况为：

进油路：主液压泵 1 →电液动换向阀 6 中位→电液动换向阀 21 右位→顶出液压缸 17 上腔。

回油路：顶出液压缸 17 下腔→电液动换向阀 21 右位→油箱。

7. 浮动压边

做薄板拉伸压边时，要求顶出液压缸下腔既保持一定压力，又能随主液压缸滑块的下压而下降。这时应先使电磁铁 3YA 通电，使顶出液压缸停在顶出位置上顶住被拉伸的工件，然后电磁铁 3YA 又断电，顶出液压缸下腔的油液被电液动换向阀 21 封住。主液压缸滑块下压工件时，顶出液压缸活塞被迫随之下行，从而建立起所需的压边力。油液通路情况为：

顶出液压缸下腔→节流阀 19 →背压阀 20 →油箱。

电液动换向阀 21 的中位机能为 K 型，故顶出液压缸上腔容积增大后，经电液动换向阀 21 中位自动补油。安全阀 18 是当节流阀 19 阻塞时，起安全保护作用的。

三、液压系统的特点

1）采用高压、大流量、恒功率变量泵供油，利用系统工作过程中工作压力的变化来自动调节主液压泵的输出流量与主液压缸的运动状态相适应，即符合工艺要求，又节省能量。

2）利用活塞滑块自重的作用实现快速下行，并用液控单向阀对主液压缸补液，使快速运动回路结构简单，补油充分，所用液压元件少。

3）采用密封性能好的单向阀保压，为减少由保压转换为快速回路时的液压冲击，系统采用了由卸荷阀和带卸荷阀芯的液控单向阀组成的卸压回路。

4）系统采用的液控单向阀和平衡阀组成的平衡回路，使主液压缸组件在任何位置能够停止，且能够长时间保持在锁定位置上。

🔶 知识链接

"国之重器"——8 万吨级模锻压力机

图 7-5 所示为我国自行研制的 8 万吨级模锻压力机，其整体质量和最大单件质量均为世界第一，也是世界最先进的大型模锻压力机。其主要用于轻金属及其合金、镍基和铁基等高温合金的大型模锻件制造，为我国航空、舰船、航天、兵器、

电力工业、核工业行业提供高性能的模锻产品。

模锻压力机总高 42m，重约 $2.2 \times 10^4 t$，单件质量在 75t 以上的零件有 68 件。由 60 台液压泵驱使着 300t 液压油在 10km 长的管路里流动，推动 5 个直径为 1.8m 的巨大液压缸进行压制。这排山倒海的力量再加上精准精细的控制，让钢铁坯料在它手上像做月饼一样一锻成形，一次成功。

中国的首架国产客机 C919 在制造期间，就使用了由这台模锻压力机锻造的部件。这款我国制造的世界最大模锻压力机的存在，使中国的工业实力得到大幅提升，标志着中国正式成为拥有世界最高等级模锻装备的国家。

图 7-5　8 万吨级模锻压力机

任务三

机场配餐车液压系统

一、概述

由于机场对航班的安全正点航行有严格的要求，因此对于机场配餐车提出了特殊要求：使用时应有 4 个支腿将车体支撑起来，以此增加设备使用过程中的稳定性和抗倾覆性能；机场配餐车在工作完成后要可靠撤离工作现场，保证飞机安全及正常地起飞；配餐车厢体升降时要平稳，速度要适中，以利于对飞机的保护。

二、液压系统工作原理

机场配餐车液压系统图如图 7-6 所示。该液压系统中，主要有以下液压元件：吸油过滤器 1、主泵（齿轮泵）2、手摇泵 3、应急电动泵 4、单向阀 5、压力管路过滤器 6、截止阀 7、压力表 8、电磁换向阀 9 和 18、单向节流阀 10 和 11、液控单向阀 12 和 15、升降液压缸 13、支腿液压缸 14、溢流阀 16、17 和 19 及电磁溢流阀 20 等；动作过程包括放下支腿、升起配餐车车厢、降下配餐车车厢和收起支腿 4 步。

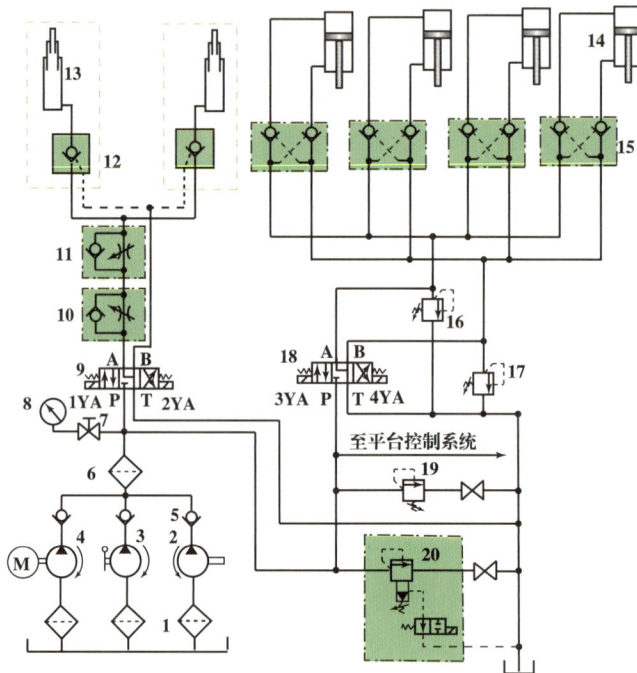

1—吸油过滤器；2—主泵（齿轮泵）；3—手摇泵；4—应急电动泵；5—单向阀；6—压力管路过滤器；7—截止阀；
8—压力表；9、18—电磁换向阀；10、11—单向节流阀；12、15—液控单向阀；13—升降液压缸；14—支腿液压缸；
16、17、19—溢流阀；20—电磁溢流阀

图 7-6　机场配餐车液压系统图

1. 放下支腿

按下支腿放下按钮，电磁换向阀 18 中的电磁铁 3YA 得电，阀 18 换为左位接入，

此时，液压油经主泵 2 流出后，经过压力管路过滤器 6、电磁换向阀 18 的左位、液控单向阀 15，进入支腿液压缸 14 的无杆腔；支腿液压缸 14 有杆腔的油液经过液控单向阀 15、电磁换向阀 18 的左位流回油箱，支腿液压缸活塞杆伸出，支撑配餐车车体。

按下相应停止按钮，电磁换向阀 18 的电磁铁均不得电，阀 18 换为中位接入，支腿固定。

2. 升起配餐车车厢

按下车厢升起按钮，电磁换向阀 9 中的电磁铁 1YA 得电，阀 9 换为左位接入，此时，液压油经主泵 2 流出后，经过压力管路过滤器 6、电磁换向阀 9 的左位、单向节流阀 10 的节流阀、单向节流阀 11 的单向阀、液控单向阀 12，进入升降液压缸 13；升降液压缸 13 伸出，升起配餐车车厢。

车厢上升到合适位置，按下相应停止按钮，电磁换向阀 9 的电磁铁均不得电，阀 9 换为中位接入，车厢固定停留。

3. 降下配餐车车厢

按下车厢降下按钮，电磁换向阀 9 中的电磁铁 2YA 得电，阀 9 换为右位接入，此时，液压油经主泵 2 流出后，经过压力管路过滤器 6、电磁换向阀 9 的右位，到达液控单向阀 12 的控制腔，使液控单向阀能够反向导通。这样，升降液压缸 13 中的液压油就可通过液控单向阀 12、单向节流阀 11 的节流阀、单向节流阀 10 的单向阀、电磁换向阀 9 的右位流回油箱，从而降下配餐车车厢。节流阀可以使下降动作平稳完成。

车厢降下后，按下相应停止按钮，电磁换向阀 9 的电磁铁均不得电，阀 9 换为中位接入，车厢固定停留。

4. 收起支腿

按下支腿收起按钮，电磁换向阀 18 中的电磁铁 4YA 得电，阀 18 换为右位接入，此时，液压油经主泵 2 流出后，经过压力管路过滤器 6、电磁换向阀 18 的右位、液控单向阀 15，进入支腿液压缸 14 的有杆腔；支腿液压缸 14 无杆腔的油液经过液控单向阀 15、电磁换向阀 18 的右位流回油箱，支腿液压缸活塞杆缩回。

支腿缩回到位后，然后按下相应停止按钮，电磁换向阀 18 的电磁铁不得电，阀 18 换为中位接入，支腿固定。

配餐车工作完成，撤离工作现场。

三、液压系统的特点

1）为了保证航班安全正点运行，机场配餐车液压系统设计了应急系统：

① 动力源除了主泵 2 之外，配备了应急动力源：手摇泵 3 和应急电动泵 4，一旦主泵 2 出现故障，可使用泵 3 或 4 作为动力源。

② 溢流阀 19 与电磁溢流阀 20 并联，溢流阀 19 的调定压力比溢流阀 20 的调定压力高出 2～3 MPa，且在其后均串联了截止阀。一旦溢流阀 20 出现故障，就把其后的截止阀关闭，溢流阀 19 将自动进入工作状态。

2）为了增加机场配餐车使用过程中的稳定性和抗倾覆性，当液压缸伸出到规定位置时，利用液控单向阀 12 和 15 可锁紧液压缸的位置。

3）为了车厢升降平稳和速度适中，可设置单向节流阀 10、11，阀 10 控制车厢升起速度，阀 11 控制车厢下降速度。

4）溢流阀 16 控制支腿伸出时的最高压力值，溢流阀 17 控制支腿缩回时的最高压力值。溢流阀 16 的调定压力高于溢流阀 17 的调定压力。

习 题

7-1 试分析 YT4543 型动力滑台液压系统图，说明动力滑台空载时能快速进给的原因。

7-2 试分析 YT4543 型动力滑台液压系统由哪几个基本回路组成，各个基本回路的作用是什么？

7-3 试分析 YT4543 型动力滑台液压系统是如何实现调速的？有何特点？

7-4 试分析 YT4543 型动力滑台液压系统中的行程阀 13 和单向阀 3、7、12 的作用？

7-5 YA32-200 型万能液压机液压系统中，主液压缸是如何实现快速下行的？

7-6 YA32-200 型万能液压机液压系统中，卸压过程是如何实现的？

7-7 YA32-200 型万能液压机液压系统中，主液压泵 1 和辅助液压泵 2 的作用有何不同？

7-8 分析 YA32-200 型万能液压机液压系统中，溢流阀 3 和 4、远程调压阀 5、背压阀 20 的作用为何？

7-9 思考机场配餐车液压系统中 16 和 17 两个溢流阀的作用。

7-10 如何改变机场配餐车的车厢升降速度？

7-11 如题 7-11 图所示为一车床液压系统图，试分析其工作循环情况，并完成工作阶段电磁铁动作顺序表。填入题 7-11 表中，通电用"＋"、断电用"－"表示。

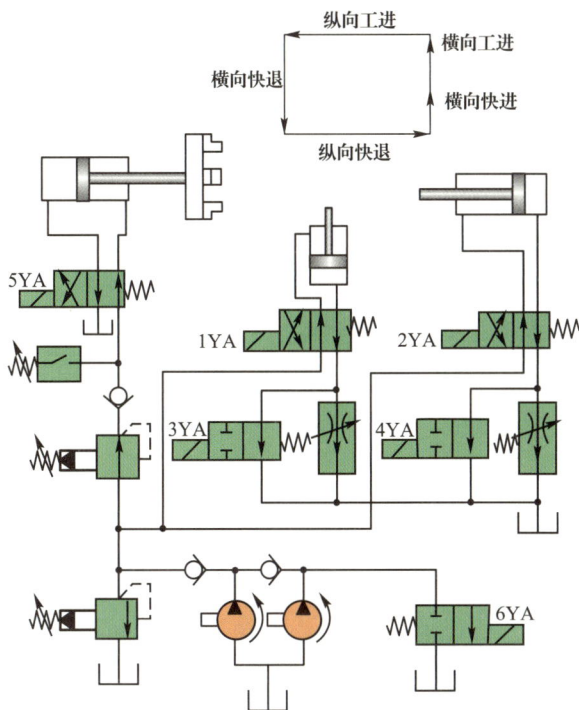

题 7-11 图 车床液压系统图

题 7-11 表 电磁铁动作顺序表

动作	电磁铁					
	1YA	2YA	3YA	4YA	5YA	6YA
装件夹紧						
横向快进						
横向工进						
纵向工进						
横向快退						
纵向快退						
卸下工件						

项目引入

地铁列车客室车门按驱动系统的动力来源可分为电动式车门和气动式车门。气动式车门应用广泛，是由压缩空气驱动传动风缸，再通过机械传动系统和电气控制系统来完成车门开关动作的。本项目将介绍地铁列车客室车门的气动控制系统。

学习目标

1. 掌握气压传动的工作原理和特点。
2. 熟悉气源装置，了解气动辅助元件。
3. 掌握气动执行元件、气动控制元件的不同种类和特点。
4. 熟悉气动基本回路，了解一些典型回路。具备基本气动设备的安装、调试、维修、改造等工作能力。

气压传动与液压传动一样，都是利用流体作为工作介质来传递动力和控制信号，控制和驱动各种机械和设备，以实现生产过程机械化、自动化的一门技术。二者在工作原理、系统组成、元件结构及图形符号等方面，存在着不少相似之处，但是也有不同之处。

任务一
气源装置及气动辅助元件

气源装置是向气动系统提供足够清洁、干燥，具有一定压力和流量的压缩空气的装置，气动系统各部分气动元件使用的压缩空气都是从气源装置中获得的。气源装置的主体部分是空气压缩机，由空气压缩机产生的压缩空气不可避免地会温度过高、含有杂质（灰尘、水分等），故不能直接输入气动系统使用，需进行降温、除尘、除油、过滤等一系列处理后才能用在气动系统上。这就需要在空气压缩机出口管路上安装一系列元件，如冷却器、油水分离器、过滤器、干燥器等。此外，为了将各元件连接起来、提高系统可靠性及改善工作环境等，气动系统还需要用到辅助元件，如油雾器、消声器、管道和管接头等。

一、气源装置

根据气动系统对压缩空气品质的要求来设置气源装置。一般气源装置的组成和布置如图 8-1 所示。

1）空气压缩机 1：气压发生装置，简称空压机，是气源装置的核心，用以将原动机输出的机械能转变为气体的压力能输送给气动系统。为了减少压缩空气中的杂质，其吸气口装有空气过滤器。其图形符号如图 8-2a 所示。

2）后冷却器 2：一般安装在空气压缩机的出口管路上，用于降低压缩空气的温度，并使压缩空气中的大部分水气、油气冷凝成水滴、油滴，以便经油水分离器析出。其图形符号如图 8-2b 所示。

3）油水分离器 3：其作用是将经后冷却器降温析出的水滴、油滴等杂质从压缩空气中分离出来。其图形符号如图 8-2c 所示。

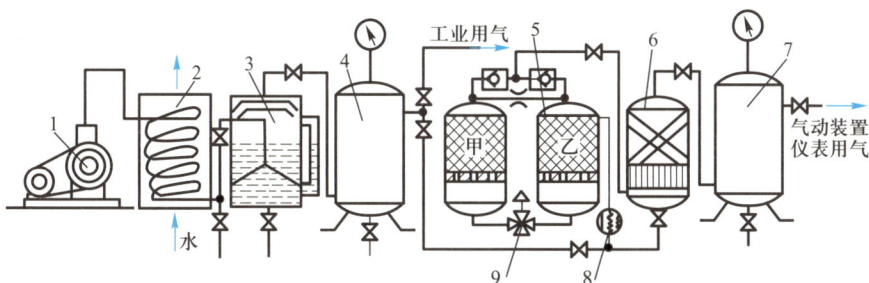

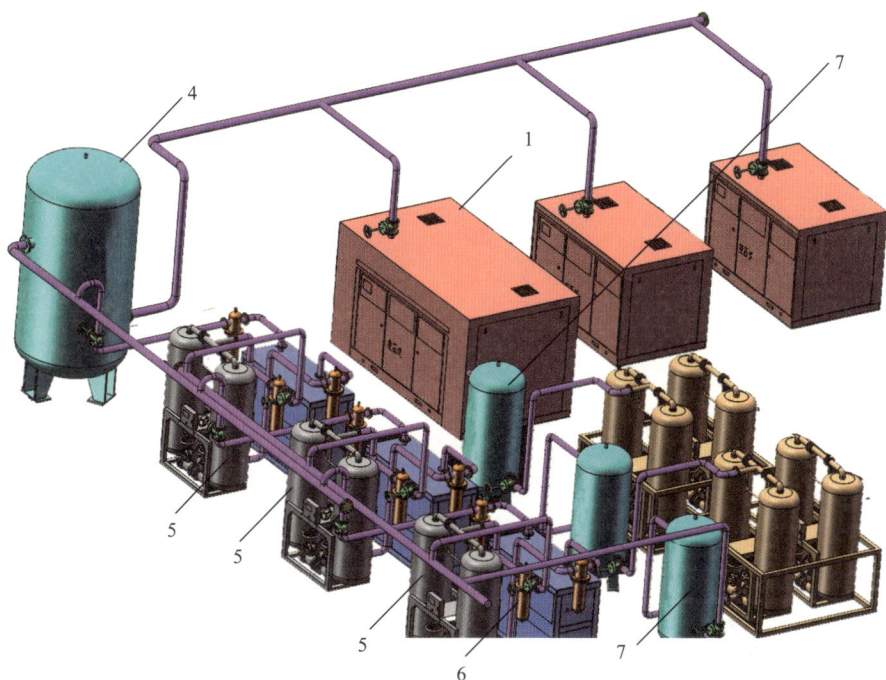

1—空气压缩机；2—后冷却器；3—油水分离器；4、7—储气罐；5—干燥器；6—过滤器；8—加热器；9—四通

图 8-1　气源装置的组成和布置示意图

4）储气罐 4 和 7：其作用是储存一定数量的压缩空气，以解决空气压缩机输出气量和气动设备的耗气量之间的不平衡；消除空气压缩机排气的压力波动及由此引起的管道振动，保证供气的连续性、平稳性；进一步分离压缩空气中的油分、水分。其中储气罐 4 输出的压缩空气用于一般要求的气动系统；储气罐 7 输出的压缩空气可用于要求较高的气动系统（如气动仪表、射流元件等组成的系统）。其图形符号如图 8-2d 所示。

5）干燥器 5：从压缩机输出的压缩空气经过后冷却器、油水分离器和储气罐的初步净化处理后已能满足一般气动系统的使用要求。但对于一些精密机械、仪表等装置还不能满足要求，为此，需要进一步净化处理，以防止初步净化后的气体中的含湿度对精密机械、仪表产生锈蚀。干燥器是吸收和排除压缩空气中的水分和部分油分与杂质，使湿空气变成干空气的装置。其图形符号如图 8-2e 所示。

6）过滤器 6：压缩空气先经过主管道再到各支管道，不同的场合，对压缩空气的要求也不同。为了除去压缩空气中的杂质，在主管道中设置主管过滤器，在支管道中按工作需要装设备种除尘、除油或除臭的过滤器。其图形符号如图 8-2f 所示。

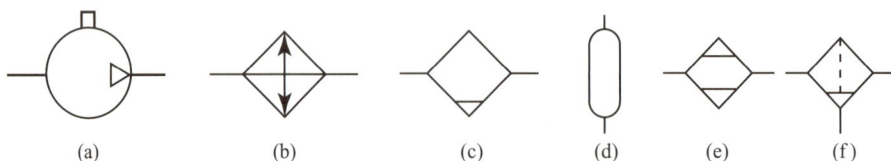

(a)　　(b)　　(c)　　(d)　　(e)　　(f)

图 8-2　气源装置各部件图形符号

二、气动三联件

在气压传动技术中，空气过滤器、调压阀（减压阀）和油雾器虽然是独立的三个元件，可以单独使用，但是实际应用时，常将这三个元件插装在同一支架上，形成无管化连接。

空气过滤器、调压阀（减压阀）、油雾器组合在一起构成的气源调节装置，通常被称为气动三联件或气动三大件，如图 8-3 所示，是气动系统中常用的气源处理装置。

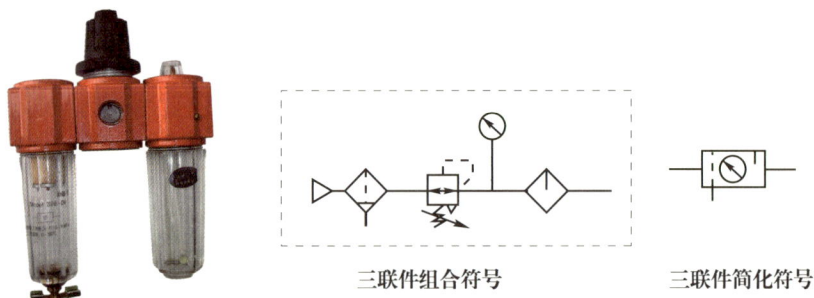

三联件组合符号　　　三联件简化符号

图 8-3　气动三联件

1. 空气过滤器

空气过滤器又称为二次过滤器、分水滤气器，其主要作用是分离水分、过滤杂质，滤灰效率为 70%～99%。QSL 型分水滤气器在气动系统中应用很广，其滤灰效率大于95%，分水效率大于 75%。

为保证空气过滤器的正常工作，应及时打开其底部的排水阀以放掉积存的油、水和杂质。过滤器的滤芯长期使用后，其通气小孔会逐渐堵塞，使得气流通过能力下降，因此应对滤芯定期进行清洗或更换。

2. 调压阀（减压阀）

在气动系统中，空压站输出的压缩空气压力一般都高于每台气动装置所需的压力，且其压力波动较大。调压阀的作用是将较高的输入压力调整到符合设备使用要求的压力，并保持输出压力稳定。由于调压阀的输出压力必然小于输入压力，所以调压阀也常被称为减压阀。

减压阀按调压方式分为直动型和先导型两种。

图 8-4 所示为 QTY 直动型减压阀，其工作原理是：当阀处于工作状态时，将旋钮 1 向下旋动，压缩弹簧 2、3 将推动膜片 5 和阀芯 8 下移，进气阀口 10 被打开，气流从左端输入，经阀口 10 节流减压后从右端输出。输出的一部分气流由阻尼管 7 进入膜片气室 6，在膜片 5 的下面产生一个向上的推力，这个推力总是企图把阀口开度关小，使其输出压力下降。当作用在膜片上的推力与弹簧力互相平衡时，减压阀的输出压力便保持稳定。若输入压力升高，此时输出压力也随之升高，作用在膜片上的气体推力也相应增大，破坏了原有的力平衡，使膜片 5 向上移动。此时，有少量气体经溢流孔 12、排气口 11 排出。在膜片上移的同时，因复位弹簧 9 的作用，使阀芯 8 也

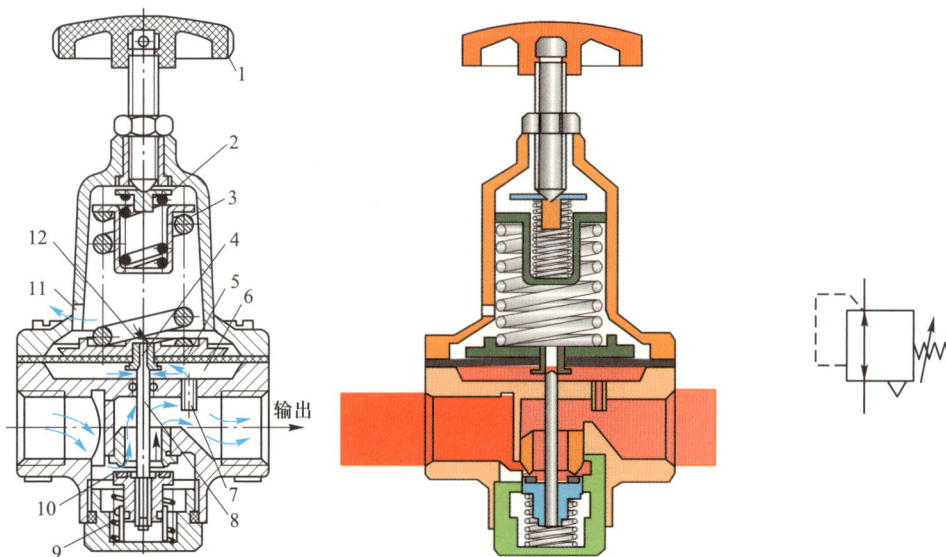

(a) 结构图 (b) 图形符号

1—旋钮；2、3—弹簧；4—溢流阀座；5—膜片；6—膜片气室；7—阻尼管；8—阀芯；9—复位弹簧；10—进气阀口；11—排气口；12—溢流孔

图 8-4 QTY 直动型减压阀

向上移动，进气阀口开度减小，节流作用增大，使输出压力降低到调定值为止。若输入压力下降，输出压力也随之下降，膜片 5 下移，进气阀口 10 开度增大，节流作用减小，输出压力又回升至调定压力，以维持压力稳定。

调节旋钮 1 以控制进气阀口 10 开度的大小，即可控制输出压力的大小。

安装减压阀时，要按气流的方向和减压阀上所标示的箭头方向安装。调压时应由低向高调至规定的压力值。减压阀不工作时应及时把旋钮松开，以免膜片变形。

3. 油雾器

油雾器的作用是把润滑油雾化后，注入压缩空气中，并随气流进入需要润滑的部位，满足润滑的需要。这种注油方法具有润滑均匀、稳定，耗油量少和不需要大的储油设备等优点。

油雾器的工作原理如图 8-5a 所示。假设压力为 p_1 的气流从左向右流经文氏管后压力降为 p_2，当 p_1 和 p_2 的压差 Δp 大于把油吸到排出口所需压力 ρgh 时，油被吸上，在排出口形成油雾并随压缩空气输送到需润滑的部位。在工作过程中，油雾器油杯中的润滑油位应始终保持在油杯上、下限刻度线之间。

在许多气动应用领域如食品、药品、电子等行业是不允许油雾润滑的，而且油雾还会影响测量仪的测量准确度并对人体健康造成危害，所以目前不给油润滑（无油润滑）技术正在广泛应用。油雾器一般安装在分水滤气器、减压阀之后，并尽可能靠近换向阀；需注意不要将油雾器的进、出口接反，油杯也不可倒置；应避免把油雾器安装在换向阀和气缸之间，以免造成浪费。图 8-5b 所示为其图形符号。

气动三联件联合使用时，其顺序应为过滤器（分水滤气器）—调压阀（减压阀）—油雾器，顺序不能颠倒。在采用无油润滑的回路中则不需要油雾器。

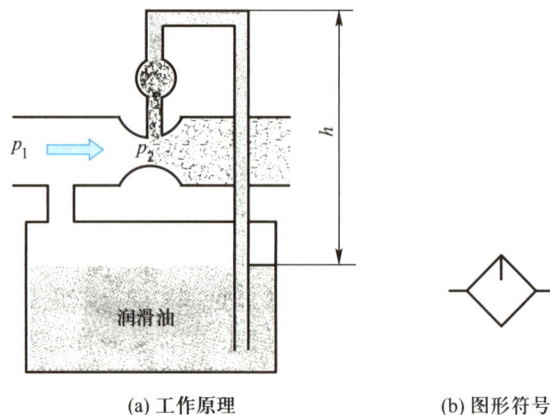

(a) 工作原理　　　　(b) 图形符号

图 8-5　油雾器

三、辅助元件

1. 消声器

气动系统与液压系统不同，它没有回气管道，压缩空气使用后直接排入大气。气缸、气马达及气动阀等元件排出气体的速度很高，会产生强烈的排气噪声。为降低排气噪声，一般要在换向阀的排气口安装消声器，其图形符号如图 8-6 所示。

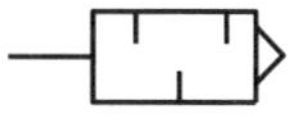

图 8-6 消声器图形符号

2. 压缩空气的输送管道

（1）主管道

主管道是一个固定安装的用于把空气输送到各处的耗气系统。其上应安装断路阀，它能在维修和保养期间把主管道分离成几部分。主管道一般有两种主要配置：终端管道和环状管道。

为了有助于排水，终端管道应在流动方向上有 1∶100 的斜度，这样就可适当排水。

环状管道中，压缩空气主要是从两边输入并到达高的消耗点。这样，压缩空气可减至最低的压力降，但冷凝水会流向各个方向，因此应提供足够的自动排水装置。

（2）分支管道

无论是终端管道还是环状管道，都需与分支管道相连，将压缩空气输送到气动设备上。如果系统不安装有效的后冷却器和空气干燥器，所有的工作管道将成为冷却表面，水和油会在整个管道长度上积聚。如图 8-7 所示，为了防止主管道内的水流入分支管道内，分支管道从主管道的顶部引出。而在管道底部积存的水需排走，排水点设置在气管的低处，安装相同的三通接头引出，排水可定期由人工完成或安装自动排水器完成，如图 8-8 所示，安装自动排水器成本虽高，但节省人工操作时间，可解决人工排水时，因忘记排放主管道内的冷凝水而导致的许多污染问题。

若工厂中的各气动设备或气动装置对压缩空气源压力有多种要求时，则气源装置管道应以满足最高压力要求来设计。若仅采用同一个管道系统供气，对供气压力要求较低者可通过减压阀减压来实现。以供气的最大流量和允许压缩空气在管道内流动的最大压力损失决定气源供气管道的管径大小。为避免在管道内流动时有较大的压力损失，压缩空气在管道中的流速一般应小于 25 m/s。一般对较大型的空压站，在厂区范围内，从管道的起点到终点，压缩空气的压力降不能超过气源初始压力的 8%；在车间范围内，不能超过供气压力的 5%；若超过了，可采用增大管道直径的方法来解决。

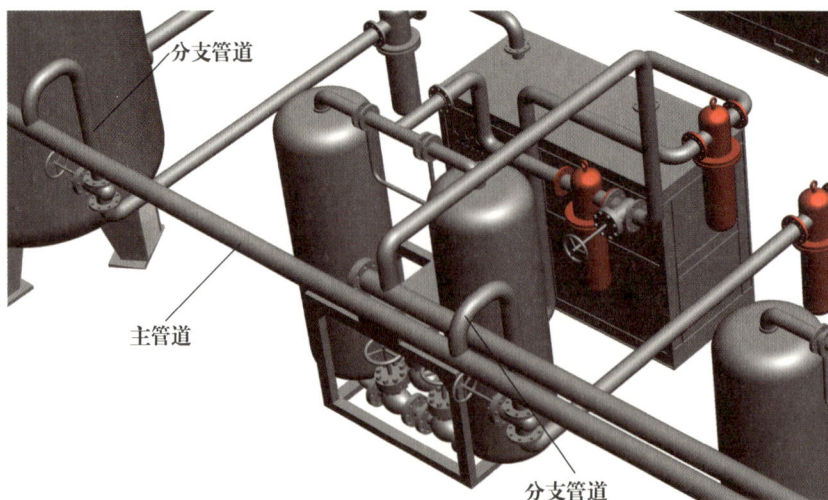

图 8-7　分支管道的安装

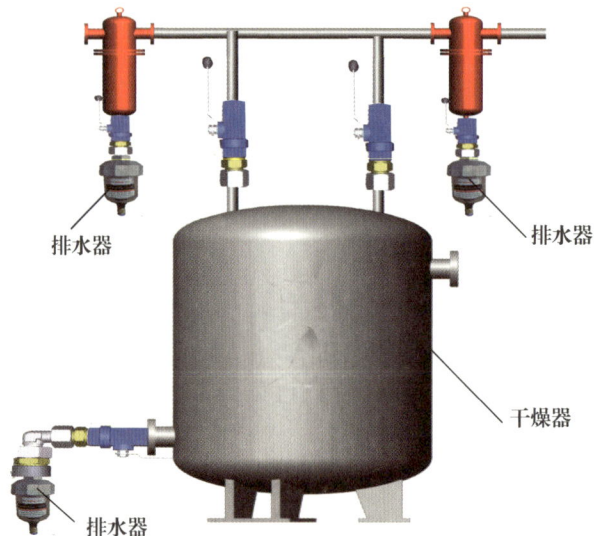

图 8-8　自动排水器的安装

任务二

气动执行元件

在气动系统中气动执行元件是将压缩空气的压力能转换为机械能的元件。执行元件有三大类：产生直线往复运动的气缸；在一定角度范围内做摆动的摆动马达（也称摆动气缸）；产生连续转动的气马达。

一、气缸

1. 单作用气缸

单作用气缸是由一侧气口供给气压驱动活塞运动，依靠弹簧力、外力或自重等作用返回，如图 8-9 所示。

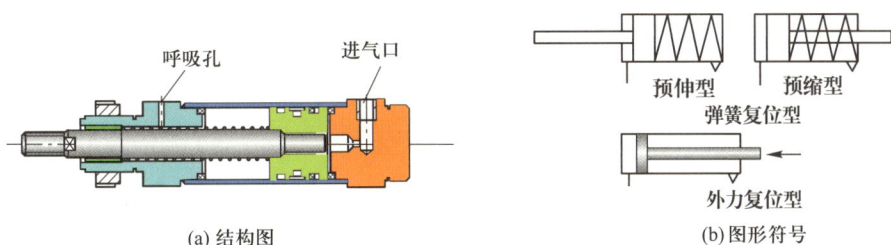

(a) 结构图 （呼吸孔 进气口）

预伸型 预缩型 弹簧复位型 外力复位型

(b)图形符号

图 8-9　单作用气缸

AR
单作用气缸

单作用气缸有弹簧复位型和外力复位型两种。弹簧复位型有预缩型和预伸型两种。预缩型为压缩空气推动活塞，使活塞杆伸出，靠复位力使活塞杆退回；预伸型为压缩空气推动活塞，使活塞杆退回，靠复位力使活塞杆伸出。

弹簧复位型单作用气缸的特点：①单边进气，故结构简单，耗气量小；②缸内装有弹簧，增加了气缸长度，缩短了气缸的有效行程，且其行程受弹簧长度限制；③借助弹簧复位，压缩空气的能量有一部分用来克服弹簧力，减小了活塞杆的输出力，而且输出力的大小和活塞杆的运动速度在整个行程中随弹簧的变形而变化。综上所述，弹簧复位型单作用气缸适用于行程较短及对活塞杆输出力和运动速度要求不高的场合。

2. 双作用气缸

双作用气缸是由两侧供气口交替供给气体使活塞做往复运动的，如图 8-10 所示。由于没有复位弹簧，双作用气缸可以获得更长的有效行程和稳定的输出力。

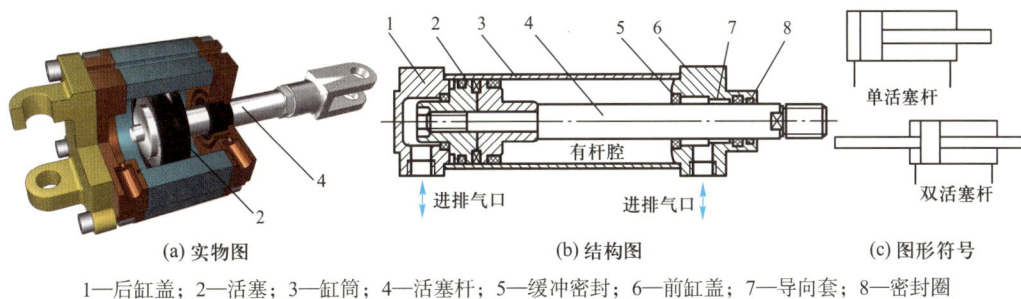

(a) 实物图　　　　(b) 结构图　　　　(c) 图形符号

1—后缸盖；2—活塞；3—缸筒；4—活塞杆；5—缓冲密封；6—前缸盖；7—导向套；8—密封圈

图 8-10　双作用气缸

AR
双作用气缸

3. 膜片式气缸

膜片式气缸如图 8-11 所示，它用膜片和中间膜盘相连来代替普通气缸中的活塞，依靠膜片在气压作用下的变形来使活塞杆前进。活塞的位移很小，一般小于 40 mm。

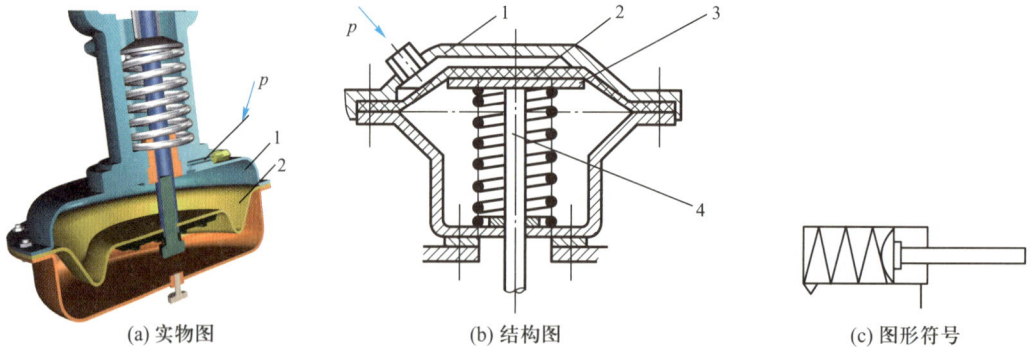

(a) 实物图　　　　　(b) 结构图　　　　　(c) 图形符号

1—缸体；2—膜片；3—膜盘；4—活塞杆

图 8-11　膜片式气缸

4. 气液阻尼气缸

气液阻尼缸是由气缸和液压缸组合而成的，它以压缩空气为能源，利用油液的不可压缩性和控制流量来获得活塞的平稳运动和调节活塞的运动速度。

图 8-12 所示为串联式气液阻尼气缸，若压缩空气自 A 口进入气缸右侧，必推动活塞向左运动，因液压缸活塞与气缸活塞用同一个活塞杆相连，故液压缸也向左运动，此时液压缸左腔排油，油液由 A′ 口流经节流阀流向 B 口，对活塞的运动产生阻尼作用，调节节流阀即可改变阻尼气缸的运动速度；反之，压缩空气自 B 口进入气缸左侧，活塞向右移动，液压缸右侧排油，此时单向阀开启，无阻尼作用，活塞可快速向右运动。

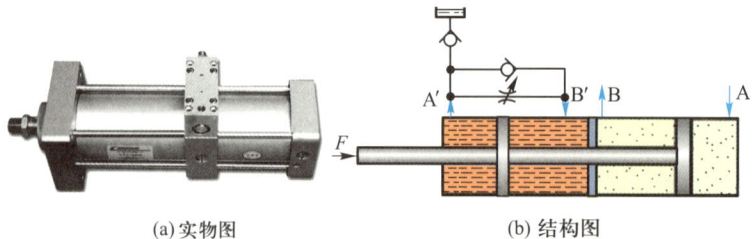

(a) 实物图　　　　　　　　　　(b) 结构图

图 8-12　串联式气液阻尼气缸

5. 无杆气缸

无杆气缸没有普通气缸的刚性活塞杆，它利用活塞直接或间接实现往复运动。这种气缸的最大优点是节省了安装空间，特别适用于小缸径长行程的场合。无杆气缸主要有机械接触式气缸、磁性耦合气缸等结构形式。

图 8-13 所示为一种磁性耦合气缸。在活塞上安装了若干组高磁性的稀土永久磁环（磁钢），磁力线穿过金属非导磁缸筒与缸筒外部套筒中对应的磁环相互作用，当活塞在缸筒内被推动的时候，在磁力耦合作用下，套筒带动外负载运动。

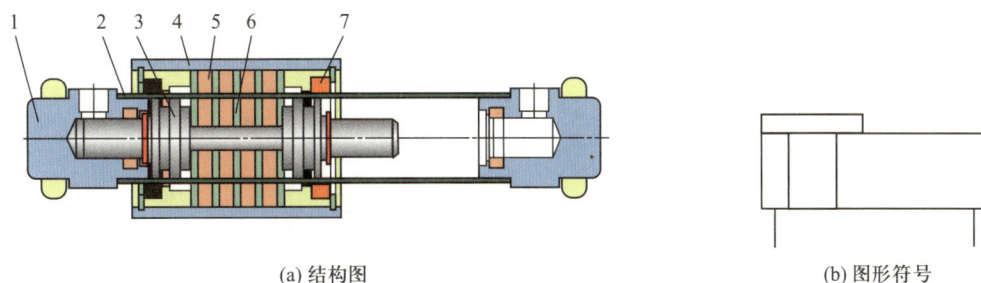

(a) 结构图　　　　　　　　　　　　　　　　(b) 图形符号

1—气缸盖；2—缸筒；3—活塞；4—负载连接套；5—磁钢；6—隔磁套；7—缓冲垫

图 8-13　磁性耦合气缸

6. 气动手指

气动手指也称气指或气爪，其功能是实现各种抓取功能，是现代气动机械手的关键部件。根据气指的数目不同可分为 2 指、3 指、4 指；根据气指的运动形式不同可以分为摆动气指和平行移动气指。

（1）摆动气指气缸

如图 8-14 所示，摆动气指气缸的活塞杆上有一环形槽，由于手指耳轴与环形槽相连，因而手指可同时移动且自动对中，并确保抓取力矩始终恒定。

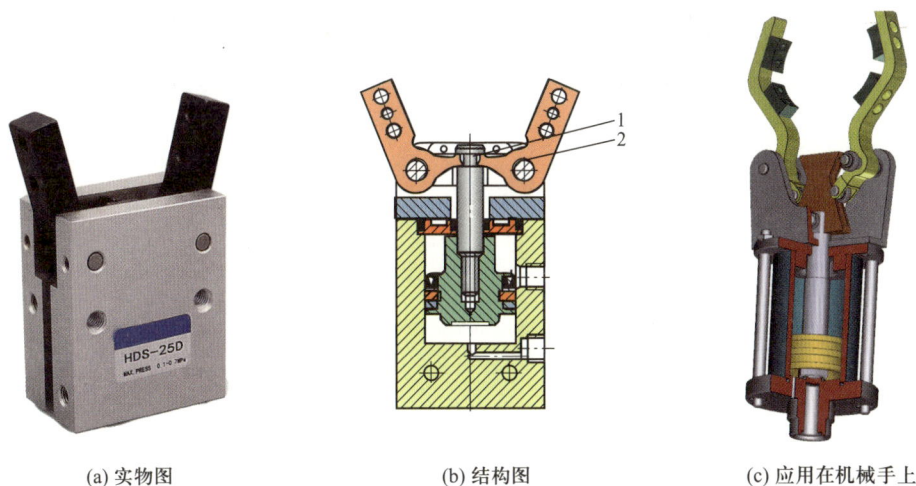

(a) 实物图　　　　　　　(b) 结构图　　　　　　　(c) 应用在机械手上

1—环形槽；2—耳轴

图 8-14　摆动气指气缸

（2）平行移动气指气缸

如图 8-15 所示，平行移动气指气缸的手指是由单活塞驱动的，轴心带动曲柄，两片爪片上各有一个相对应的曲柄槽。为减少摩擦力，爪片与本体连接为钢珠滑轨结构。

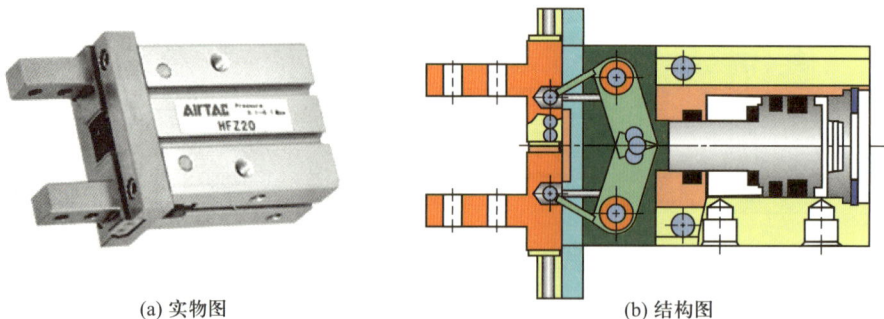

AR
平行移动
气指气缸

(a) 实物图　　　　　　　　　　(b) 结构图

图 8-15　平行移动气指气缸

（3）3 指气缸

如图 8-16 所示，3 指气缸的活塞上有一个环形槽，每个曲柄与一个手指相连，活塞运动能驱动 3 个曲柄动作，因而可控制 3 个手指同时打开和合拢。

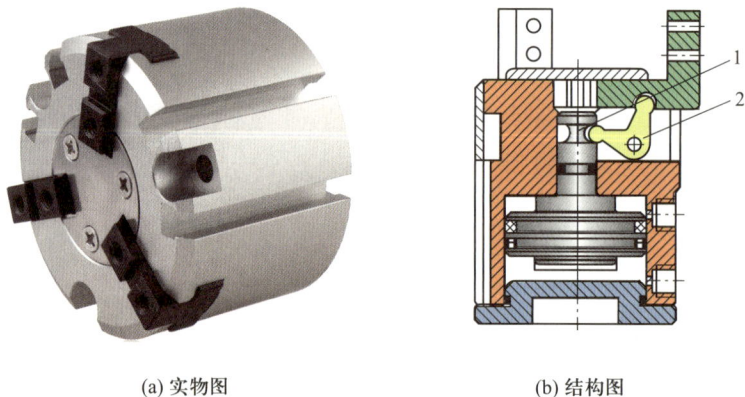

(a) 实物图　　　　　　　　　　(b) 结构图

1—环形槽；2—曲柄

图 8-16　3 指气缸

7. 磁环与气缓冲装置

（1）磁环

为了准确知道气缸是否到达终端位置，有些气缸在活塞上安装有永久磁性橡胶环（磁环），随活塞一起运动，在缸身上外装磁性开关以检测活塞的位置，如图 8-17 所示。当装有磁环的活塞运动到磁性开关附近时，磁性开关接通，发出指示信号；当磁环随活塞离开时，磁力减弱，磁性开关断开。

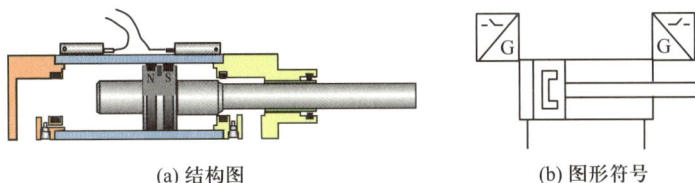

(a) 结构图　　　　　　　　(b) 图形符号

图 8-17　带磁环、磁性开关的气缸

（2）气缓冲装置

行程末端，气缸的运动速度较大时，仅靠缓冲垫不足以吸收活塞对缸盖 6 的冲击力，通常可以在气缸内设置气缓冲装置进行缓冲。气缓冲装置由缓冲套 1 和 3、缓冲密封圈 4 和缓冲阀 5 等组成，如图 8-18 所示。当活塞 2 向右运动时，右侧缓冲套 3 接触右侧缓冲密封圈 4，活塞 2 右侧便形成一个封闭缓冲腔，缓冲腔内的空气只能通过缓冲阀 5 排出；当缓冲阀 5 开度很小时，缓冲腔向外排气很少，活塞 2 继续右行，则缓冲腔内空气处于绝热压缩状态，使腔内压力较快上升；此压力对活塞产生反向作用力，从而使活塞减速，直至停止，避免或减轻了活塞对缸盖的撞击，达到了缓冲的目的。调节缓冲阀 5 的开度，可改变缓冲能力，故带缓冲阀的气缸，称为可调缓冲气缸。

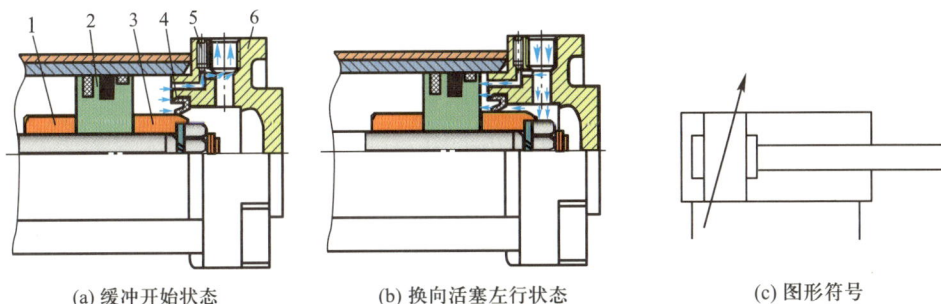

(a) 缓冲开始状态　　　　(b) 换向活塞左行状态　　　　(c) 图形符号

1—左缓冲套；2—活塞；3—右缓冲套；4—缓冲密封圈；5—缓冲阀；6—缸盖

图 8-18　可调缓冲气缸

AR
可调缓冲
气缸

二、摆动马达（摆动气缸）

摆动气缸将压缩空气的压力能转换为气缸输出轴的有限回转的机械能，多用于安装位置受到限制，或转动角度小于 360° 的回转工作部件，如夹具的回转、阀门的开启、转塔车床转塔的转位及自动线上物料的转位等场合。

图 8-19 所示为单叶片式摆动气缸，定子 3 与缸体 4 固定在一起，叶片 1 和转子 2（输出轴）连接在一起，当左腔进气时，转子逆时针方向转动；反之，转子则顺时针方

向转动，转子可做成图示的单叶片式，也可做成双叶片式。这种气缸的耗气量一般都较大。

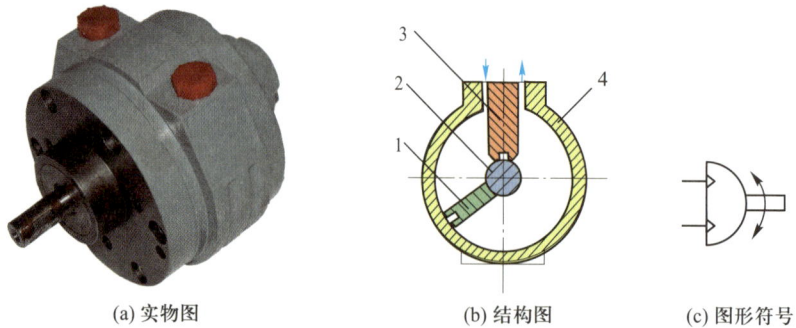

(a) 实物图　　　　　　　(b) 结构图　　　　　(c) 图形符号

1—叶片；2—转子；3—定子；4—缸体

图 8-19　单叶片式摆动气缸

三、气马达

气马达是将压缩空气的压力能转换为旋转的机械能的装置，在气压传动中使用最广泛的是叶片式和活塞式气马达。

图 8-20 所示为双向叶片式气马达，当压缩空气从进气口 A 进入气室后立即喷向叶片 1，作用在叶片的外伸部分，产生转矩带动转子 2 做逆时针方向的转动，从而输出旋转的机械能，废气从排气口 C 排出，残余气体则经 B 口排出（二次排气）；若进、排气口互换，则转子反转，输出相反方向的机械能。转子转动的离心力和叶片底部的气压力、弹簧力（图中未画出）使得叶片紧密地抵在定子 3 的内壁上，以保证密封，提高容积效率。叶片式气马达主要用于风动工具、高速旋转机械及矿山机械等。

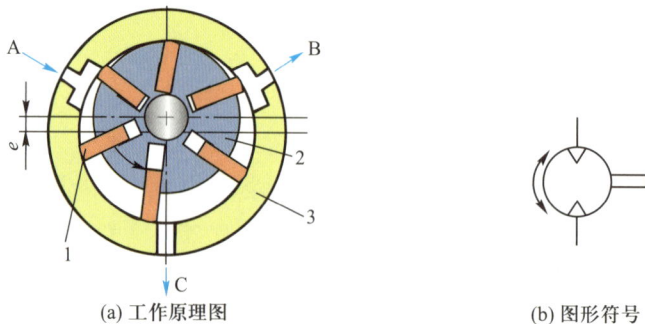

(a) 工作原理图　　　　　　　　　(b) 图形符号

1—叶片；2—转子；3—定子

图 8-20　双向叶片式气马达

气动控制元件

气动控制元件是在气动系统中控制和调节压缩空气的压力、流量、流动方向、发送信号的元件，利用它们可以组成各种气动回路，使气动执行元件按设计要求正常工作。控制元件按功能和用途可分为压力控制阀、流量控制阀和方向控制阀三大类。

一、压力控制阀

压力控制阀主要用来控制系统中空气的压力，以满足各种压力要求。

气动系统与液压系统不同的一个特点是：液压系统的液压油是由安装在每台设备上的液压源直接提供；而气动系统则是将比使用压力高的压缩空气储于储气罐，然后减压到适用于系统的压力再向气动装置供气。因此每台气动装置的供气压力都需要用减压阀（在气动系统中又称调压阀）来减压，并保持供气压力值稳定。对于低压控制系统（如气动测量），除用减压阀降低压力外，还需要用精密减压阀（或定值器）来获得更稳定的供气压力。这类压力控制阀当输入压力在一定范围内改变时，能保持输出压力不变；当管路中压力超过允许压力时，为了保证系统的工作安全，往往用安全阀实现自动排气，以使系统的压力下降。有时，气动装置中不便安装行程阀，而又要求可依据气压的大小来控制两个以上的气动执行元件的顺序动作时，可用顺序阀来实现这种功能。因此，在气动系统中压力控制可分为三类：① 起降压稳压作用的减压阀、定值器；② 起限压安全保护作用的安全阀、限压切断阀等；③ 根据气路压力的不同进行某种控制的顺序阀、平衡阀等。所有的压力控制，都是利用压缩空气的压力和弹簧力相平衡的原理来工作的。安全阀、顺序阀的工作原理与液压控制阀中溢流阀（安全阀）和顺序阀的工作原理基本相同。减压阀（调压阀）的工作原理和主要性能在气动三联件内容中已做介绍。

二、流量控制阀

流量控制阀是通过改变阀的通流截面面积来实现流量控制的元件，它包括节流阀、单向节流阀、排气节流阀等。由于节流阀和单向节流阀的工作原理与液压系统中同类型阀相似，在此不再赘述。本任务仅对排气节流阀做简要介绍。

排气节流阀和节流阀的节流原理一样，也是靠调节通流截面面积来调节阀的流量的。所不同的是，排气节流阀只能安装在系统的排气口处，调节排入大气的流量，以此来调节执行元件的运动速度。图 8-21 所示为排气节流阀，气流从 A 口进入阀内，由节流口 1 节流后经消声套 2 排出，因而它不仅能控制执行元件的运动速度，而且因常带有消声器件，具有减少排气噪声的作用，亦可防止不清洁的环境气体通过排气口污染气动系统。

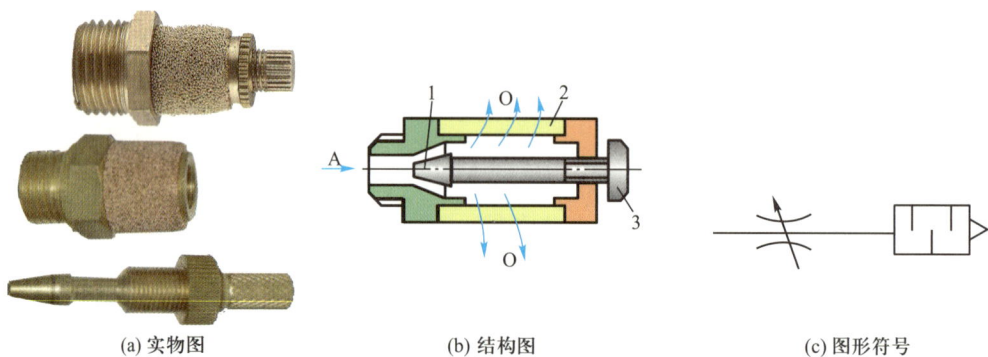

(a) 实物图　　　　　　　(b) 结构图　　　　　　　(c) 图形符号

1—节流口；2—消声套；3—调节杆

图 8-21　排气节流阀

排气节流阀通常安装在换向阀的排气口处，与换向阀联用，起单向节流阀的作用。

在气动系统中，因气体具有可压缩性，所以用流量控制阀来调节气缸的运动速度是比较困难的。用气动流量控制阀调速时应注意以下几点，以防产生爬行：① 严格控制管道中的气体泄漏；② 确保气缸内表面的加工精度和质量；③ 保持气缸内的正常润滑状态；④ 作用在气缸活塞杆上的载荷必须稳定，若外负载变化较大，应借助液压或机械装置（如气液联动）来补偿由于载荷变动造成的速度变化；⑤ 尽可能采用出口节流调速方式；⑥ 流量控制阀尽量装在气缸或气马达附近。

三、方向控制阀

方向控制阀是用来控制压缩空气的流动方向和气流的通断，以控制执行元件启动、停止及运动方向的气动控制元件。

方向控制阀中，多数阀的工作原理和结构与液压系统中的相应阀相似，本任务仅对或门型梭阀、与门型梭阀、快速排气阀和气压延时换向阀做简要介绍。

1. 或门型梭阀

或门型梭阀控制相当于两个单向阀的组合，在气动逻辑回路中，该阀起到"或"门的作用，是构成逻辑回路的重要元件。如图 8-22 所示，当通路 P_1 进气时，阀芯将推向右边，通路 P_2 被关闭，于是气流从 P_1 进入通路 A；反之，气流则从 P_2 进入 A。当 P_1、P_2 同时进气时，哪端压力高，通路 A 就与哪端相通，另一端自动关闭。

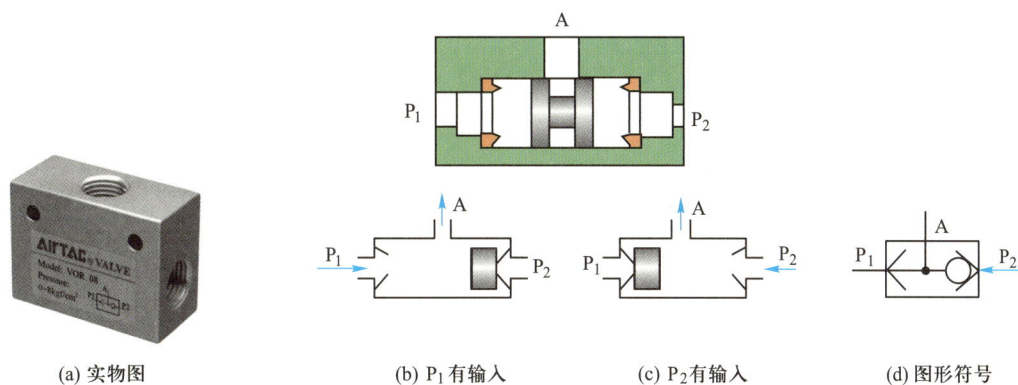

(a) 实物图　　(b) P_1 有输入　　(c) P_2 有输入　　(d) 图形符号

图 8-22　或门型梭阀

或门型梭阀在逻辑回路和程序控制回路中被广泛采用。图 8-23 所示为或门型梭阀在手动—自动换向回路中的应用。

2. 与门型梭阀

如图 8-24 所示，与门型梭阀的作用是只有两个输入通路 P_1、P_2 同时进气时，通路 A 才有输出，这种阀相当于两个单向阀的组合（又称双压阀）。当 P_1 或 P_2 单独有输入时，阀芯被推向右端或左

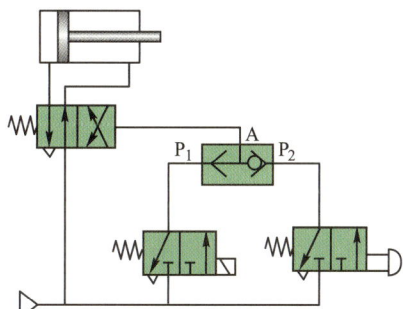

图 8-23　或门型梭阀在手动—自动换向回路中的应用

端，此时通路 A 无输出；只有当 P_1 和 P_2 同时有输入时，通路 A 才有输出，当 P_1、P_2 气体压力不等时，则高压侧关闭，低压侧与通路 A 相通。与门型梭阀的应用很广泛，图 8-25 所示为与门型梭阀在钻床控制回路中的应用。行程阀 1 为工件定位信号，行程阀 2 为夹紧工件信号；当两个信号同时存在时，与门型梭阀 3 才有输出，使换向阀 4 换向，钻孔缸 5 进给，完成钻孔动作。

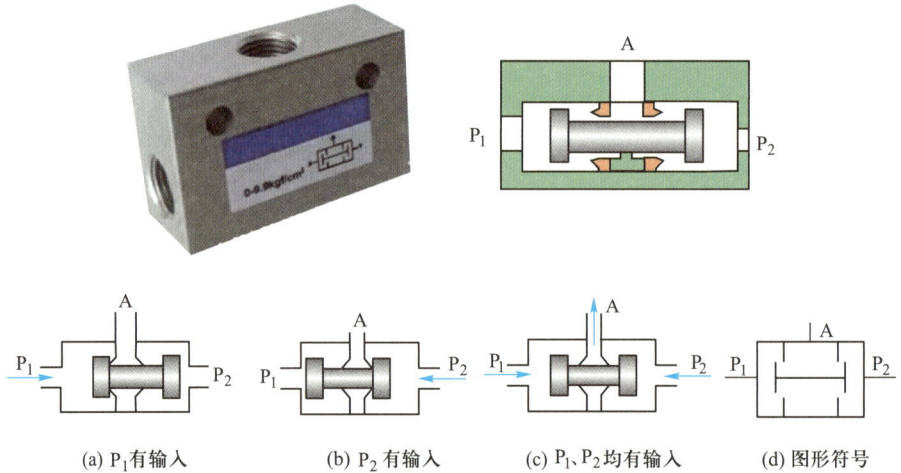

(a) P₁有输入   (b) P₂有输入   (c) P₁、P₂均有输入   (d) 图形符号

图 8-24 与门型梭阀

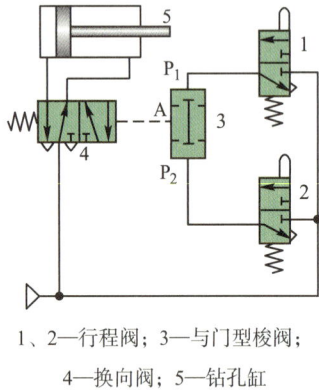

1、2—行程阀；3—与门型梭阀；
4—换向阀；5—钻孔缸

图 8-25 与门型梭阀在钻床控
制回路中的应用

3. 快速排气阀

快速排气阀简称快排阀，它是为加快气缸运动速度作快速排气用的。通常气缸排气时，气体是从气缸经过管路由换向阀的排气口排出的。如果从气缸到换向阀的距离较长，而换向阀的排气口又较小时，排气时间就较长，会影响气缸动作速度。此时，若采用快排阀，则气缸内的气体就能直接由快排阀排入大气中，可加速气缸的运动速度。试验证明，安装快排阀后，气缸的运动速度可提高4～5倍。图 8-26 所示为膜片式快速排气阀，它有三个阀口P、A、O。P口接气源，A口接执行元件，O口通大气。当P口进气时，将推动膜片向下变形，会封住排气口O，P口经膜片四周小孔与A口相通；当P

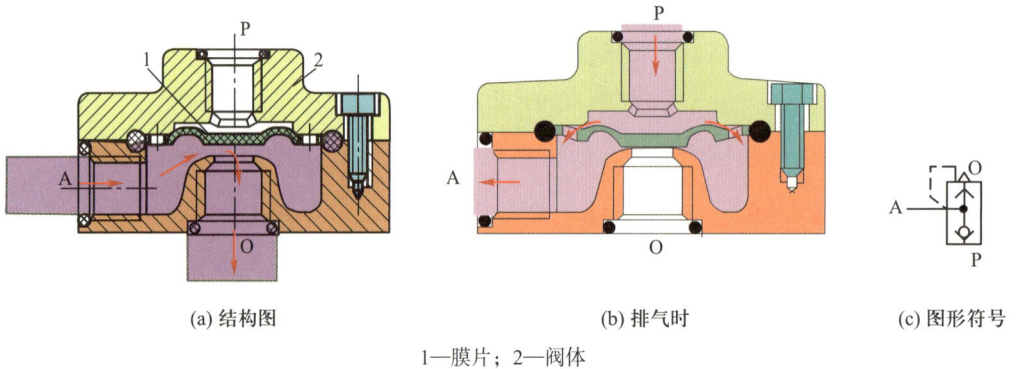

(a) 结构图   (b) 排气时   (c) 图形符号

1—膜片；2—阀体

图 8-26 膜片式快速排气阀

184

口无进气时，A 口的气体推动膜片向上复位，关闭 P
口，A 口气体经 O 口快速排出。

快速排气阀的应用回路如图 8-27 所示。在实际使
用中，快速排气阀常装在换向阀和气缸之间，使气缸的
排气不用通过换向阀而快速排出，从而加快了气缸往复
运动速度，缩短了工作周期。

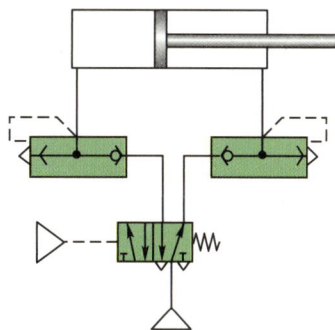

4. 气压延时换向阀

图 8-27 快速排气阀的应用回路

图 8-28 所示为气压延时换向阀，它是一种带有时间信号元件的换向阀，由气容 C
和一个单向节流阀组成时间信号元件，用它来控制主阀换向。当 K 口通入信号气流时，
气流通过节流阀 1 的节流口进入气容 C，经过一定时间后，使主阀芯 4 左移而换向。调
节节流口的大小可控制主阀芯延时换向的时间，一般延时时间为几分之一秒至几分钟。
当去掉信号气流后，气容 C 经单向阀快速放气，主阀芯在左端弹簧作用下返回右端。

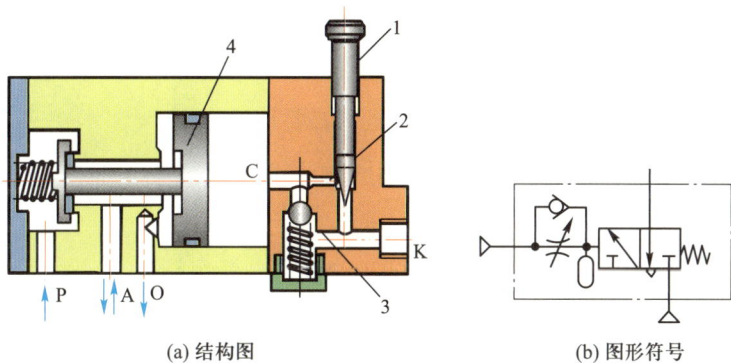

(a) 结构图　　　　　　(b) 图形符号

1—节流阀；2—节流孔；3—单向阀；4—主阀芯

图 8-28　气压延时换向阀

任务四

气动基本回路

一、压力控制回路

压力控制回路的主要功用是调节与控制系统压力，使之保持在某一规定的范围之
内。常用的有一次压力控制回路和二次压力控制回路。

1. 一次压力控制回路

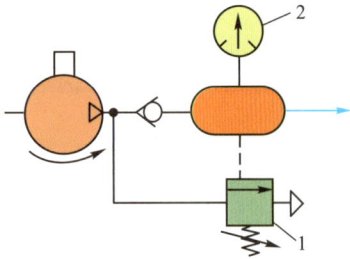

1—外控溢流阀；2—压力表

图 8-29　一次压力控制回路

此类回路主要用来控制储气罐的压力，使之不超过设定的压力值。如图 8-29 所示，常采用外控溢流阀 1 或采用电接点压力表 2 来控制空气压缩机的转、停，使储气罐内压力保持在规定的范围内。采用溢流阀时，结构简单、工作可靠，但溢流阀开启时气量损失大；采用电接点压力表时，对电动机及控制要求较高，故常用于小型压缩机。

2. 二次压力控制回路

二次压力控制回路是指每台气动设备的气源进口处的压力调节回路。空压站的供气压力高于气动设备所需压力，为保证气动系统可使用所需的稳定气体压力，多采用图 8-30 所示的二次压力控制回路调节。该回路可用三个分离元件（空气过滤器、减压阀和油雾器）组合而成，也可以采用气动三联件的组合件。在组合时，三个元件的相对位置不能改变。若控制系统不需要加油雾器，则可省去油雾器或在油雾器之前用三通接头引出支路即可。

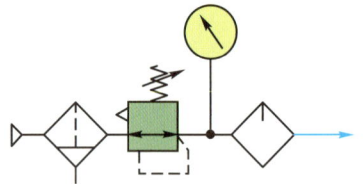

图 8-30　二次压力控制回路

二、速度控制回路

速度控制回路的作用在于调节或改变执行元件的工作速度。主要采用出口节流调速，与液压系统中的节流调速原理相似，但由于气体的可压缩性比较大，故气动回路运动平稳性较差。气压传动中若需获得更为平稳地或更为有效地运动速度控制，需采用气液联动回路，本任务仅对气液联动回路做简要介绍。

气液联动是以气压为动力，利用气液转换装置把气压传动变为液压传动。

图 8-31a 所示为一种气液阻尼缸调速回路，其中气缸作负载缸，液压缸作阻尼缸。调节节流阀即可调节气液阻尼缸活塞的运动速度。安放位置高于气液阻尼缸的油箱，可通过单向阀补偿阻尼液的泄漏。这种调速回路通过调节液压缸的速度间接调节气缸速度，克服了直接调节气缸流量时的不稳定现象。

图 8-31b 所示回路为可实现快进→慢进→快退的变速控制回路。当电磁阀得电，

气液阻尼缸快进；当活塞杆前进到一定位置时，其挡块压下行程阀，受单向节流阀节流，则气液阻尼缸慢进；当电磁阀断电，则气液阻尼缸快退。若取消阀中的单向阀，则回路能实现快进→慢进→慢退→快退的动作。

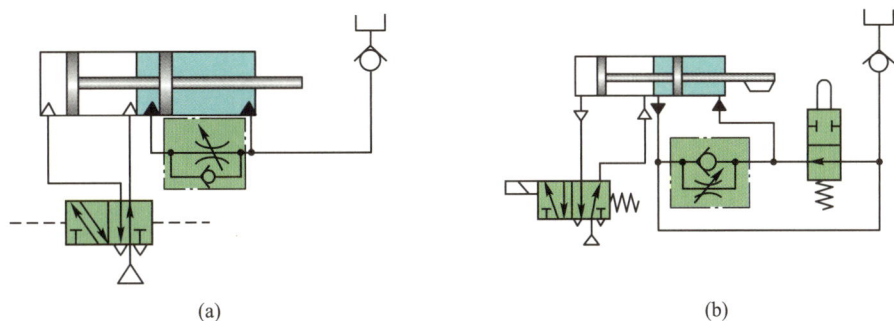

(a)　　　　　　　　　　　　　(b)

图 8-31　气液阻尼缸速度控制回路

三、其他常用回路

1. 往复动作回路

（1）单往复动作回路

图 8-32a 所示为行程阀控制的单往复回路，按下手动阀 1S1，主阀 1V1 切换，气缸活塞右行；当挡块压下行程阀 1S2 时，主阀 1V1 复位，气缸活塞自动返回。图 8-32b 所示为压力控制的单往复动作回路，按下手动阀 1S1，主阀 1V1 切换，气缸活塞右行，与此同时，气压作用在顺序阀 1V2 上；当活塞运动至行程终点时，气压升高打开顺序阀 1V2，使主阀 1V1 复位，气缸活塞自动返回。图 8-32c 所示为延时复位的单往复动作回路，按下手动阀 1S1，主阀 1V1 切换，气缸活塞右行；当挡块压下行程阀 1S2 时，需经一段时间延迟，待气源对气容充气后，主阀 1V1 才复位，使活塞返回，完成一次动作循环，这种回路结构简单，可用于活塞到达行程终点时，需要有短暂停留的场合。

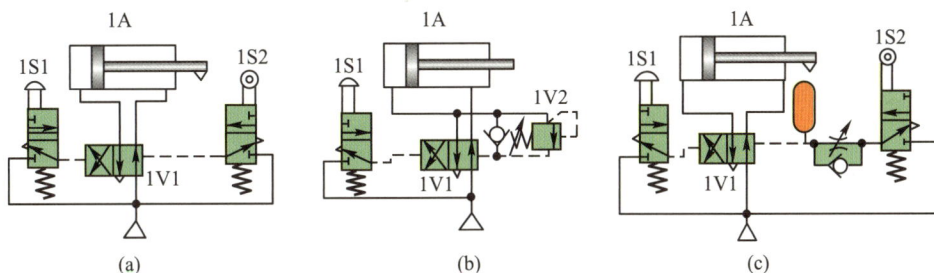

(a)　　　　　　　　(b)　　　　　　　　(c)

图 8-32　单往复动作回路

（2）连续往复动作回路

图 8-33 所示为连续往复动作回路。换向阀 1V1 具有记忆功能，即控制信号消失后，阀仍能保持在信号消失前的工作状态。按下阀 1S1，阀 1V1 左控制腔进气，阀 1V1 换至左位接入，气缸活塞右行，随之阀 1S2 复位；当活塞伸出至挡块压下行程阀 1S3 时，使阀 1V1 的右控制腔进气，阀 1V1 换至右位接入，活塞返回。当活塞返回至挡块压下行程阀 1S2 时，阀 1V1 换向，气缸将继续重复上述循环动作，断开阀 1S1 方可使这一连续往复动作在活塞返回到原位时停止。

2. 双手操作安全回路

如图 8-34 所示，只有同时操作两手动阀，主阀才切换，气缸活塞才能下落锻、冲工件。实际给主阀的控制信号是两手动阀相"与"的信号。需注意，两手动阀应安装在单手不能同时操作的距离上。在锻造、冲压机械上常采用这种回路，可确保安全。

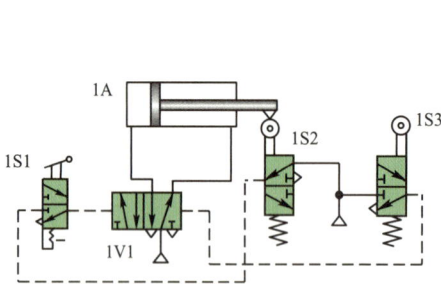

图 8-33　连续往复动作回路

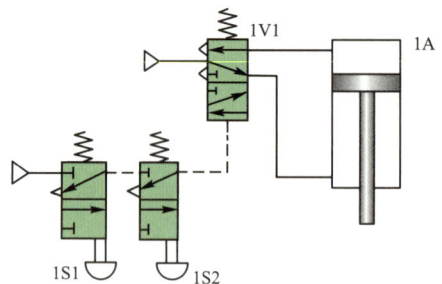

图 8-34　双手操作安全回路

3. 顺序动作控制回路

图 8-35 所示为采用一个延时换向阀 2V1 控制气缸 1A 和 2A 顺序动作的控制回路。当二位五通气控换向阀 1V1 切换至左位时，气缸 1A 无杆腔进气、有杆腔排气，实现动作①。同时，气体经节流阀进入延时换向阀 2V1 的控制腔及气容中。当气容中的压力达到一定值时，阀 2V1 切换至左位，气缸 2A 无杆腔进气、有杆腔排气，实现动作②。当阀 1V1 在右位时，两缸同时有杆腔进气、无杆腔排气，实现动作③、④。两缸进给时间间隔由节流阀调节。

图 8-36 为双缸顺序动作控制回路。两缸 1A、2A 按 1A 进→2A 进→2A 退→1A 退→（即①→②→③→④）的顺序动作。每按一次手动阀，气缸实现一次工作循环。

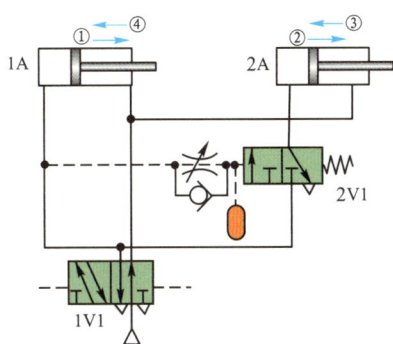

图 8-35 单向顺序动作控制回路

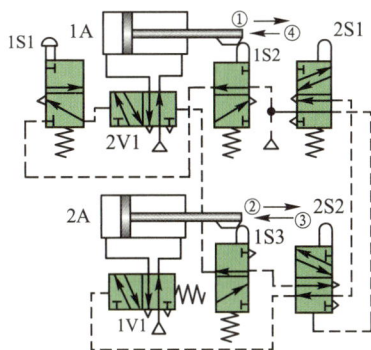

图 8-36 双缸顺序动作控制回路

4. 位置控制回路

利用磁性开关（或行程开关）、机控阀等可实现位置控制。图 8-37 所示为带磁性开关的位置控制回路，改变气缸上两个磁性开关的间距，则活塞杆的检测行程改变。图 8-33 所示为机控阀控制气缸连续往复动作回路，若两机控阀的间距改变，也就改变了气缸的伸缩行程。

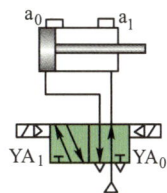

图 8-37 利用磁性开关的位置控制回路

任务五

典型气动系统

一、地铁列车客室车门控制系统

城市轨道交通车辆车门按照功能来分可分为客室侧门、司机室侧门、司机室通道门和紧急疏散门 4 种。司机室侧门供司机上、下列车；司机室通道门供司机进出客室；紧急疏散门设置于列车司机室，用于在紧急情况下的乘客疏散；客室侧门供乘客上、下列车，与车辆运营息息相关。其中，某些地铁列车客室车门为电控气动门，通过控制电磁铁的通断电，控制气路的通断、流动方向，从而控制气缸的运动方向，再通过机械传动系统完成车门的开关动作。每个车门的气动控制原理如图 8-38 所示。

对车门的控制要求为：控制电磁铁 1YA 得电，车门打开；控制电磁铁 2YA 得电，车门关闭。开关门速度可以独立调整，且开关门行程末端需有缓冲，防止发生撞击。

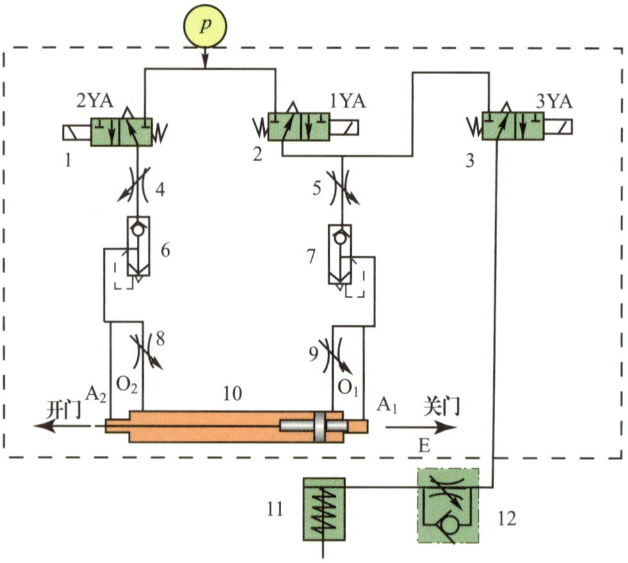

1、2、3—换向阀；4、5、8、9—节流阀；6、7—快速排气阀；10—门控气缸；11—解钩气缸；12—单向节流阀

图 8-38　地铁列车客室车门的气动控制原理图

具体工作原理如下：当 1YA、2YA、3YA 三个电磁铁均不得电时，3 个换向阀均处于常态位，门控气缸左右两腔、解钩气缸无杆腔均通过换向阀连通大气，门控气缸保持位置不动，锁钩落锁。

1. 开门

控制电磁铁 1YA、3YA 得电，2YA 失电。气路为：

压缩空气→换向阀 2 右位→换向阀 3 右位→单向节流阀 12 中的节流阀→解钩气缸 11 无杆腔。

此时解钩气缸活塞杆伸出，顶开锁钩。单向节流阀 12 中的节流阀控制缓慢顶开锁钩。

压缩空气→换向阀 2 右位→节流阀 5→快速排气阀 7→门控气缸气口 A_1、O_1→门控气缸右腔。

门控气缸左腔 ──→ 门控气缸气口 A_2 ──→ 快速排气阀6 ──→ 大气
　　　　　　└─→ 门控气缸气口 O_2 ──→ 节流阀8 ──┘

此时活塞相对缸体左移，带动车门打开。调节节流阀 5 可控制开门速度。

当活塞的左端部进入门控气缸缸体左端的小直径处，气缸气口 A_2 被封堵，门控气缸内的气体只能从气口 O_2 出气，并经过节流阀 8 到快速排气阀最终排至大气。这一过程使得整个排气速度大大降低，从而使开门速度有了一个极大的缓冲，此缓冲发生在开门动作即将完成时，避免出现撞击现象，所以节流阀 8 可以控制开门缓冲效果。

2. 关门

控制电磁铁 2YA 得电，1YA、3YA 失电。气路为：

压缩空气→换向阀 1 左位→节流阀 4→快速排气阀 6→门控气缸气口 A_2、O_2→门控气缸左腔。

门控气缸右腔——→门控气缸气口 A_1——→快速排气阀7——→大气

　　　　　　　└→门控气缸气口 O_1——→节流阀9

活塞相对缸体右移，带动车门关闭。调节节流阀 4 可控制关门速度。

关门缓冲的原理与开门缓冲的原理相同，请自行分析。

解钩气缸 11 无杆腔→单向节流阀 12 中的单向阀→换向阀 3 左位→大气。

解钩气缸活塞缩回，锁钩落锁复位。单向节流阀 12 中的单向阀控制锁钩迅速复位。

由于活塞杆的端头与左门门页及钢丝绳的一端相连接，而右门页与成环形绕接的下层钢丝绳相连接，故左、右门页在活塞杆运动时能同步反向移动。运动的速度则是先快后慢，最后使门页完全关闭或打开。

二、气动机械手气压传动系统

图 8-39 所示为一种气动机械手的结构示意图。该系统有 4 个气缸，可在三个坐标内工作。其中 A 缸为抓取机构的松紧缸，其活塞杆伸出时松开工件，活塞杆缩回时夹紧工件；缸 B 为长臂伸缩缸，可以实现伸出和缩回动作；C 缸为机械手升降缸；D 缸为立柱回转缸，该气缸为齿轮齿条缸，它可把活塞的直线往复运动转变为立柱的旋转运动，实现立柱的回转。

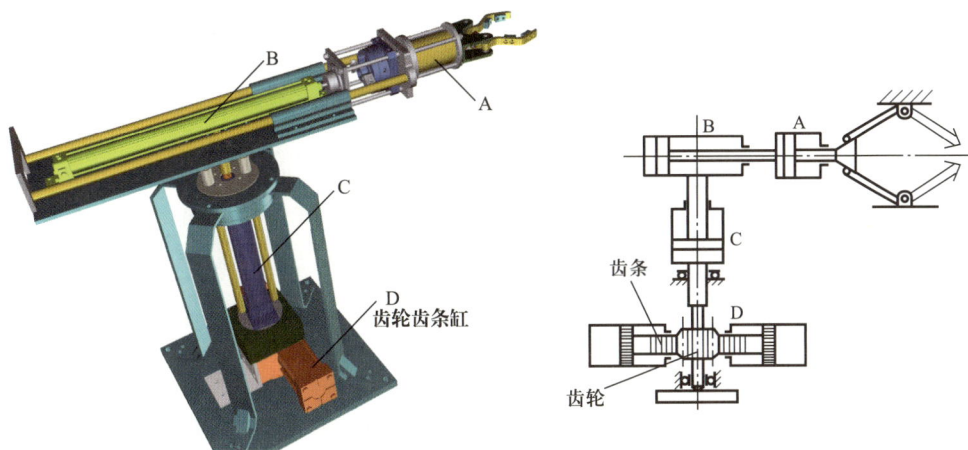

图 8-39　气动机械手的结构示意图

机械手的动作程序如图 8-40 所示，其中 g 为启动信号。

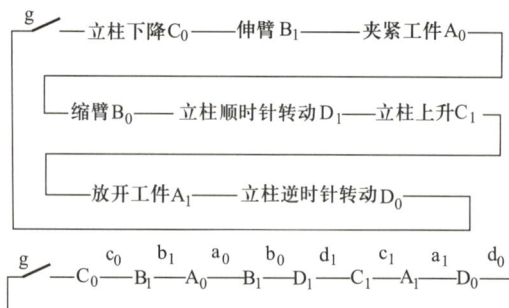

图 8-40　机械手的动作程序

图 8-41 所示为机械手气压控制回路工作原理图。

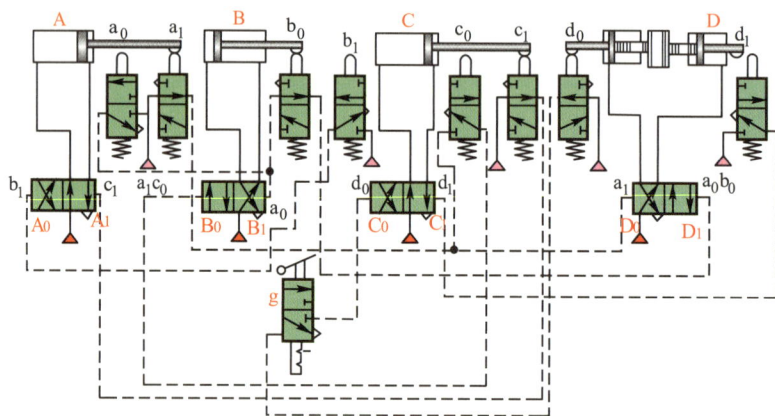

图 8-41　机械手气压控制回路工作原理图

机械手的工作原理及循环分析如下：

1）按下启动阀发出启动信号 g，控制气体经启动阀使缸 C 的主控阀处于左位，C 缸活塞杆缩回，实现动作 C_0（立柱下降）。

2）当 C 缸活塞杆缩回，其上的挡铁压下 c_0 时，控制气体使 B 缸的主控阀左侧有控制信号并使阀处于左位，使 B 缸活塞杆伸出，实现动作 B_1（伸臂）。

3）当 B 缸活塞杆伸出，其上的挡铁压下 b_1 时，控制气体使 A 缸的主控阀左侧有控制信号并使阀处于左位，使 A 缸活塞杆缩回，实现动作 A_0（夹紧工件）。

4）当 A 缸活塞杆缩回，其上的挡铁压下 a_0 时，控制气体使缸 B 的主控阀右侧有控制信号并使阀处于右位，使 B 缸活塞杆缩回，实现动作 B_0（缩臂）。

5）当 B 缸活塞杆缩回，其上的挡铁压下 b_0 时，控制气体使缸 D 的主控阀右侧有控制信号并使阀处于右位，使 D 缸活塞杆右移，通过齿轮齿条机构带动立柱顺时针方向转动，实现动作 D_1（立柱顺时针转动）。

6）当 D 缸活塞杆伸出，其上的挡铁压下 d_1 时，控制气体使 C 缸的主控阀右侧有控制信号并使阀处于右位，使 C 缸活塞杆伸出，实现动作 C_1（立柱上升）。

7）当 C 缸活塞杆伸出，其上的挡铁压下 c_1 时，控制气体使 A 缸的主控阀左侧有控制信号并使阀处于右位，使 A 缸活塞杆伸出，实现动作 A_1（放开工件）。

8）当 A 缸活塞杆伸出，其上的挡铁压下 a_1 时，控制气体使 D 缸的主控阀右侧有控制信号并使阀处于左位，使 D 缸活塞杆左移，通过齿轮齿条机构带动立柱逆时针方向转动，实现动作 D_0（立柱逆时针转动）。

9）当 D 缸活塞杆上的挡铁压下 d_0 时，控制气体使 C 缸的主控阀左侧再次得到控制信号并使阀处于左位，使 C 缸活塞杆伸出，实现动作 A_1，于是下一个工作循环重新开始。

> **知识链接**
>
> ### 复兴号与气动
>
> 党的二十大报告指出："加快构建新发展格局，着力推动高质量发展"。新时代十年，搭乘复兴号，以风为速，以轨为尺，丈量大国前行的步伐，我国高铁年均投产 3500 公里，西部地区铁路里程突破 6 万公里，中欧班列开行数量不断迈上新台阶，铁路发展取得历史性成就。十年来，中国高铁通过自主创新，复兴号（图 8-42）系列产品应运而生，涵盖不同速度等级、适应各种运营环境，智能型动车组在世界上首次实现时速 350 公里自动驾驶。中国铁路总体技术水平迈入世界先进行列，高速、高原、高寒、重载铁路技术在世界处于领先地位，形成了具有独立自主知识产权的高铁建设和装备制造技术体系。
>
> 高铁运行速度可以达到或超过飞机起飞时的速度，同时又能够保持超强的平稳性能，为人们日常出行带来舒适的乘坐体验，其中"气动"的作用功不可没。高铁车厢下面设计有气动减振弹簧，通过该装置可以把铁轨高低起伏带来的高低频振动减掉。牵引机车上依靠气压传动控制受电弓的升降。
>
> 气动元件在生活和工业生产中几乎无处不在。气动系统是工业三大动力系统（电/气/液）之一，广泛应用于各行业制造业的自动化及工艺控制装备中，被称为"工业自动化的肌肉"。
>
> 气缸、换向阀、减压阀、过滤器等气动元件，品种过万，规格数量达千万，量大面广，是支撑高端装备的关键零部件，单一元件性能失效会导致整个装备的故障，如高铁气动减振弹簧及其伺服控制阀、载人飞行器供氧减压阀、微电子高真空组件等。气动元件是我国"强基工程"的重点提升对象，其质量保障体系构建是发展我国先进制造技术的一个重要基础，也是衡量一个国家制造水平及先进性的一项重要指标。

图 8-42　复兴号

习　题

8-1　气源装置包括哪些设备？各部分的作用是什么？

8-2　什么是气动三联件？每个元件起什么作用？其安装顺序如何？

8-3　简述气液阻尼气缸的工作原理。

8-4　简述一次压力控制回路和二次压力控制回路的主要功用。

8-5　试分析题 8-5 图所示的气动回路的工作过程。

8-6　题 8-6 图所示为一拉门的自动启闭系统，试说明其工作原理，并指出梭阀的逻辑作用。

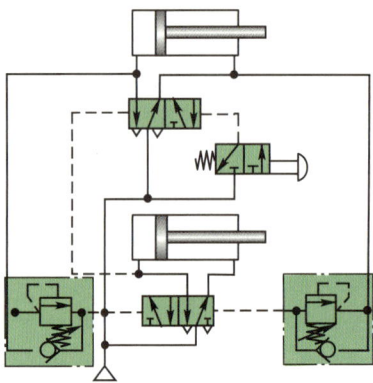
题 8-5 图

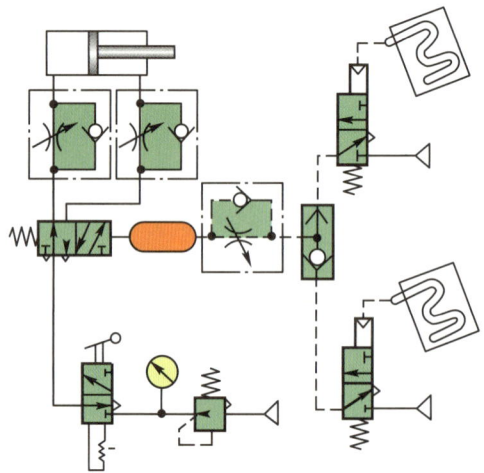
题 8-6 图

8-7　试分析题 8-7 图所示的在三个不同场合（分别压下阀 A、B、C）下气缸的气动回路工作情况。

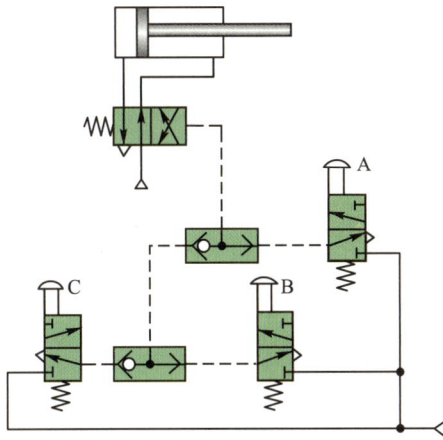

题 8-7 图

参考文献

［1］ 张利平. 液压元件与系统故障诊断排除典型案例［M］. 北京：化学工业出版社，2019.

［2］ 张海平. 白话液压［M］. 北京：机械工业出版社，2018.

［3］ 崔培雪，冯宪琴. 典型液压气动回路600例［M］. 北京：化学工业出版社，2011.

［4］ 左健民. 液压与气压传动［M］. 5版. 北京：机械工业出版社，2016.

［5］ 宁辰校. 气动技术入门与提高［M］. 北京：化学工业出版社，2017.

［6］ 张运真. 液压与气压传动［M］. 上海：同济大学出版社，2018.

［7］ 徐钢涛，岳丽敏. 液压与气压传动技术［M］. 3版. 北京：高等教育出版社，2019.

［8］ 陆望龙. 看图学液压维修技能［M］. 2版. 北京：化学工业出版社，2014.

［9］ 宁辰校. 液压气动图形符号及识别技巧［M］. 北京：化学工业出版社，2012.

［10］ 黄志坚. 看图学液压系统安装调试［M］. 北京：化学工业出版社，2011.

郑重声明

高等教育出版社依法对本书享有专有出版权。任何未经许可的复制、销售行为均违反《中华人民共和国著作权法》，其行为人将承担相应的民事责任和行政责任；构成犯罪的，将被依法追究刑事责任。为了维护市场秩序，保护读者的合法权益，避免读者误用盗版书造成不良后果，我社将配合行政执法部门和司法机关对违法犯罪的单位和个人进行严厉打击。社会各界人士如发现上述侵权行为，希望及时举报，我社将奖励举报有功人员。

反盗版举报电话　（010）58581999　58582371

反盗版举报邮箱　dd@hep.com.cn

通信地址　北京市西城区德外大街4号　高等教育出版社法律事务部

邮政编码　100120

读者意见反馈

为收集对教材的意见建议，进一步完善教材编写并做好服务工作，读者可将对本教材的意见建议通过如下渠道反馈至我社。

咨询电话　400-810-0598

反馈邮箱　gjdzfwb@pub.hep.cn

通信地址　北京市朝阳区惠新东街4号富盛大厦1座
　　　　　高等教育出版社总编辑办公室

邮政编码　100029

授课教师如需获得本书配套教辅资源，请登录"高等教育出版社产品信息检索系统"（https://xuanshu.hep.com.cn/）搜索下载，首次使用本系统的用户，请先进行注册并完成教师资格认证。

- 体系化设计 ● 模块化课程
- 项目化资源

高等职业教育
智能制造专业群
新专业教学标准课程体系

机械设计方向专业

机械设计与制造 / 机械制造及自动化 / 数字化设计与制造技术 / 增材制造技术

自动化方向专业

机电一体化技术 / 电气自动化技术 / 智能机电技术

机械制造工艺
机械 CAD/CAM 应用
工装夹具选型与设计
生产线数字化仿真技术
产品数字化设计与仿真

增材制造技术
产品逆向设计与仿真
增材制造设备及应用
增材制造工艺制订与实施

机械产品数字化设计
可编程控制器技术
机电设备故障诊断与维修
电机与电气控制
自动控制原理

机电设备装配与调试
运动控制技术
自动化生产线安装与调试
工厂供配电技术
工业网络与组态技术

专业群平台课

机械制图与计算机绘图
机械设计基础
公差配合与测量技术
液压与气压传动
工程力学
工程材料及热成形工艺

电工电子技术
电气制图及 CAD
智能制造概论
工业机器人技术基础
传感器与检测技术
金工实习

机器人方向专业

工业机器人技术
智能机器人技术

数控模具方向专业

数控技术
模具设计与制造

工业机器人现场编程
智能视觉技术应用
工业机器人应用系统集成
协作机器人技术应用

工业机器人离线编程与仿真
数字孪生与虚拟调试技术应用
工业机器人系统智能运维

工业网络方向专业

工业互联网应用
智能控制技术

数控机床故障诊断与维修
数控加工工艺与编程
多轴加工技术
智能制造单元生产与管理

冲压工艺与模具设计
注塑成型工艺与模具设计
注塑模具数字化设计与智能制造

制造执行系统应用（MES）
工业网络技术
工业数据采集与可视化
工业互联网平台应用

工业互联网基础
工业互联网标识解析技术应用
工业 App 开发